교실밖

지리
여행

교실밖 지리여행

1994년 4월 25일 1판 1쇄
2006년 8월 15일 1판 26쇄
2006년 12월 10일 2판 1쇄
2022년 4월 22일 2판 16쇄

지은이 노웅희·박병석

편집 정은숙·송명주   **교정** 한지연   **디자인** 02
사진 강용진, 고려대박물관, 국립중앙박물관, 김석용, 김원섭, 남해군청, 대구광역시립 중앙도서관, 대한통운, 민족21, 박래광,
     박병오, 서울대 규장각, 삼성미술관, 성신여대박물관, 엔싸이버, 역사비평사, 연합뉴스, 영남대박물관, 조선일보,
     중앙일보, 토픽포토, 현대중공업, 현을생
제작 박흥기   **마케팅** 이병규, 양현범, 이장열   **홍보** 조민희, 강효원
출력 블루엔   **인쇄** 코리아피앤피   **제본** J&D바인텍

펴낸이 강맑실   **펴낸곳** (주)사계절출판사   **등록** 제406-2003-034호
주소 (우)10881 경기도 파주시 회동길 252
전화 031)955-8558, 8588   **전송** 마케팅부 031)955-8595 편집부 031)955-8596
홈페이지 www.sakyejul.net   **전자우편** skj@sakyejul.com
블로그 blog.naver.com/skjmail   **트위터** twitter.com/sakyejul   **페이스북** facebook.com/sakyejul

ISBN 978-89-5828-200-6 03980

교실밖
지리
여행

노웅희·박병석 지음

사□계절

『교실밖 지리여행』이 출판된 지 12년이 넘었습니다. 지리는 살아 있는 교과여야 하는데 교실 현장에서는 암기 교과로 전락된 듯하여, '삶과 직접 연결되는 교과로서의 지리'라는 관점을 제시하려는 의도로 이 책을 쓰게 되었습니다. 그동안 정말 과분하게 『교실밖 지리여행』을 사랑해 주신 많은 분들께 감사합니다.

초판을 내면서 지은이들이 바란 대로, 그동안 좋은 지리 책들이 많이 출판되었습니다. 그 속에서 『교실밖 지리여행』이 꾸준한 관심과 사랑을 받을 수 있었던 이유는 이 책이 개인의 삶과 곧바로 이어지는 생활 속의 지리를 추구하고, 세계화 시대에 다른 나라 사람들의 삶과 우리와의 관계를 성찰하며, 생태계의 구성 요소인 인간과 인문·자연 환경의 상관 관계 등을 다루고 있어서라고 생각합니다.

이 책이 사랑받아 온 지난 10여 년간 우리나라 공간은 많은 변화를 겪었습니다. 이는 우리 사회가 역동적이며, 우리 민족의 역량이 훌륭하다는 것을 의미한다고 생각합니다. 그동안 지은이들은 늘 독자들에게 미안했습니다. 급변하는 인간의 삶과 공간이 반영된 내용으로 고치고 보완해야 하는데 그러지 못했기 때문입니다. 다행스럽게도 이번에 졸 고지만 개정판을 내게 되어서 지은이들은 무거운 짐을 던 듯합니다.

초판에서도 이야기했듯이 지리는 우리 자신이 날마다 숨 쉬며 살아가는 생활의 조건을 이해하고, 인간다운 삶의 터전을 가꾸어 갈 수 있도록 새로운 생각의 문을 열어 주는 교과입니다. 예를 들어 지리는 '카이사르가 루비콘 강을 건넜다'는 사실을 전달하는 데 그치지 않고, '카이사르가 이끌던 그 많은 사람들이 루비콘 강을 건널 수 있었던 자연환경과 인문 환경은 무엇이고, 강을 건넌 뒤 그들의 삶은 공간 속에서 어떻게 전개되었는가'를 이해시키고 설명하는 교과입니다. 이러한 지리 과목이 '생활 속의 지리'로서 힘을 발휘할 때 개인의 삶도 더욱 풍요로워질 수 있다고 생각합니다. 그 생각의 연장선에서 이번 개정 작업에 세 가지 주안점을 두었습니다.

첫째, 멀티미디어·웹·GIS 등 지리의 시각화가 빠르게 진행되는 현실을 반영해 사진, 지도, 표 등 다양한 시각 자료를 풍부하게 제공하려고 했습니다. 주제가 있는 시각 자료들을 보면서 글을 읽으면 지리의 내용들을 더욱 친숙하게 받아들일 것이라고 생각했습니다.

둘째, 주제의 이해를 돕는 사례들을 되도록 새로 담으려고 했습니다. 그 과정에서, 시간이 흐름에 따라 현실과 무관해지지 않으면서도 식상하지 않은 이야기들을 고르려고 노력했습니다. 또한 어려운 주제들은 사례를 들어 좀 더 쉽게 풀 수 있는 방법을 고민했습니다.

셋째, 지리학자들의 노력으로 이루어진 지리학의 성과를 가능한 한 반영하려고 노력했습니다. 지은이들이 초판을 낸 이래 공부를 계속하면서 좀 더 깊이 이해한 지리학 내용들을 이 책에 녹여 보려 했습니다.

『교실밖 지리여행』은 본래 중·고등학생 독자들을 대상으로 썼지만, 실제로는 지리를 전공하는 대학생은 물론 지리 선생님들, 나아가 지리에 관심이 많은 일반인들까지 두루 애독해 주셨습니다. 그 모든 분들께 이번 개정판 출판이 반가운 일이 되길 바랍니다. 아울러 이 책을 처음 읽으실 분들께는 지리 교과를 재발견하는 기회가 되길 바랍니다.

끝으로 이 책이 나오기까지 애써 주신 많은 분들께 감사합니다. '생활 속의 지리'라는 관점을 어떻게 정립해야 하는가에 대해서 같이 고민하고 토론에 기꺼이 응해 주신 '지리교육연구회 지평' 선생님들, 그리고 개정 작업을 격려하고 조언해 주신 '전국지리교사모임'을 비롯한 많은 동료 선생님들과 교수님들께 감사드립니다. 개정 작업을 지원해 준 사계절출판사 관계자 분들께도 감사의 정을 표합니다. 특히 송명주 씨가 아니었으면 이와 같은 형태와 내용으로 개정판이 나올 수 없었을 것입니다. 장기간에 걸쳐 사진을 비롯한 수많은 자료를 찾고, 또 글을 다듬어 준 데 대해서 진심으로 고마움을 표합니다.

2006년 11월
지은이들

사람은 누구나 일정한 공간 속에서 살아가게 마련입니다. 그러면서 그 공간의 자연 풍토나 사회적 환경에 영향을 받기도 하고, 반대로 공간의 조건을 새롭게 만들어 가기도 합니다. 기나긴 인류의 문명이라는 것도 역사라는 시간의 축 위에서 자신이 살아가는 공간을 이해하고 확대시키기 위한 부단한 노력의 산물과 다름없습니다. 이러한 인간의 노력을 학문적으로 정리한 것이 지리학이라면, 이를 교과로 배우는 것이 지리 과목이라고 할 수 있겠지요.

옛날에는 천시(天時)와 지리(地理)를 알면 인간사를 통달할 수 있다고 생각했습니다. 그만큼 지리는 인간의 삶과 밀접한 관련을 맺고 있습니다. 우리가 살아가는 삶의 조건을 이해하고 개선해 나가고자 한다면 지리를 삶의 공간이라는 관점에서 바라보는 시각이 절대 필요합니다. 그러나 학교 현장에서 지리 과목을 과연 얼마나 이런 맥락에서 가르치고 배우느냐 하면 필자들의 경험에 비추어 보는 한 회의적입니다. 우선 많은 학생들이 입시라는 중압감에 눌려 그런 사고를 해 볼 수 있는 여유를 갖고 있지 못합니다. 뿐만 아니라 가르치는 선생님들 역시 시간에 쫓기거나 준비 부족으로, 인간의 생활과 관련되는 풍부한 사례를 들면서 학생들이 재미를 갖고 지리적 사고를 할 수 있도록 이끌어 주지 못하고 있습니다. 이래저래 지리는 영락없이 점수 따기 위한 암기 과목으로 전락하고 만 셈입니다.

이 책은 이런 현실을 반성하고, 이를 극복하기 위한 하나의 대안을 마련해 보고자 하는 시도로 이루어졌습니다. 지리란 단순한 암기 과목이 아니라, 우리 자신이 날마다 숨 쉬며 살아가는 생활의 조건을 이해하고 인간다운 생활 터전을 가꾸어 갈 수 있도록 새로운 생각의 문을 열어 주는 과목이라는 점을 이해시키고자 했습니다. 이런 목표를 달성하기 위해 필자들은 다음의 몇 가지 원칙을 정하고, 이에 따라 집필을 시작하였습니다.

첫째로, 지리에서 다루는 주제들을 재미있는 일화나 생활 이야기를 통해 쉽고 재미있게 접근하도록 하자는 것입니다. 그리하여 재미있는 이야기를 한 편씩 읽는 동안 자연스럽게 지리의 주제들을 이해하도록 했습니다.

둘째로, 단순한 지식을 전달하기보다는 지리적인 사고력(생활 공간에 대한 이해력)을 키우는 데 도움을 주도록 하였습니다. 이렇게 하는 것이 새로운 학습이 요구되는 수학 능력 시험에도 부응하는 것이라 생각해서입니다.

끝으로, 일제의 식민지 침략에 의해 왜곡된 지리학을 바로잡고 우리 조상들이 오랜 세월 이 땅 위에 살아 오면서 고유하게 가꾸어 온 우리 지리학의 본령을 되찾기 위해 애썼습니다. 읽는 이들이 우리 땅과 문화에 대해 바르게 이해하고 정당한 자긍심을 갖기를 바라는 마음에서입니다.

이 책은 주로 중·고등학생들을 대상으로 만들어졌습니다만, 지리를 가르치는 선생님들이나 지리적 현상에 관심이 많은 일반 지식 대중 모두에게 여러 가지 도움이 되기를 기대합니다. 우리는 이 책이 갖고 있는 한계를 깊이 느끼고 있습니다. 그러나 지리 과목을 다룬 책 중에 이런 종류의 책이 없었다고 생각하여, 앞으로 이보다 훨씬 충실하고 풍부한 내용을 담은 책이 쏟아져 나오기를 간절히 기대하면서 감히 출판을 결심했습니다. 독자 여러분의 아낌없는 충고와 질책을 기대합니다.

이 책이 나오기까지 학생들을 비롯해 지리 교육에 대한 애정을 함께 고민하고 격려해 주신 분들께 감사드립니다. 아울러 여러 모로 도와주신 사계절출판사의 김경택 실장님과 다른 여러 분들께도 이 자리를 빌려 고마움의 정을 표합니다.

1994년 4월
지은이들

차 례

차 례

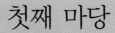

첫째 마당

지형과 생활

호랑이의 나라

백두대간인가, 태백산맥인가

저마다 개성 있는 암석과 산

산으로 올라가는 배

상전벽해, 벽해상전

지구를 지탱하는 작은 땅

호랑이의 나라

선조들의 우리 땅에 대한 생각

호랑이는 예부터 우리 민족에게 아주 각별한 존재였다. 단군 신화를 비롯한 여러 신화와 옛이야기, 민간 신앙, 예술 작품에 이르기까지 수많은 유산을 살펴보면 때로는 위엄 있고 용맹스러우며, 때로는 슬기롭고 익살스러운 호랑이를 발견할 수 있다. 1988년 서울 올림픽 대회의 마스코트인 '호돌이'는 친근한 호랑이 이미지를 아기호랑이 캐릭터로 형상화한 것인데, 우리뿐 아니라 외국인들에게도 호감을 불러일으켰다.

민화 속 호랑이 사납거나 험상궂지 않고, 보통 빙그레 웃거나 우스꽝스러운 모습을 하고 있다.

오늘날까지 우리에게 신령스럽고 친밀한 존재인 호랑이는 우리 민족의 터전을 상징하기도 했다. 선조들은 국토의 모습을 호랑이 형상으로 표현하면서 우리 민족의 기상이 호랑이처럼 웅대하다는 것을 자각했다.

우리는 대대로 불의를 보면 참지 못하고 정의와 민족을 위해서는 목숨도 아까워하지 않았다. 그리고 힘없고 약한 사람들은 도와주고 잘못을 뉘우치는 사람들은 포용해 왔다. 조선 시대에는 약탈을 자행하는 왜구를 가차 없이 응징하면서도 용서를 비는 왜구들에게 관용을 베풀어 살 곳을 마련해 주었고, 임진왜란 같은 일본의 침략 전쟁이 일어났을 때에는 전국 방

16

방곡곡에서 의병들이 떨쳐 일어나 우리 국토를 보전해 왔다. 이러한 기상이 크게 흔들린 시기는 일본 제국주의가 우리나라를 침략하고 35년 동안 강점했을 때이다.

1903년 일본 동경제국대학에 지질학자로 있었던 고토 분지로는 우리나라 지질 구조를 연구하여 정리한 「조선의 산악론」을 발표했다. 그는 이 논문에서 우리 국토의 모습이 나약한 토끼와 같다고 주장했다. 일제는 이 말을 우리 민족에게 의도적으로 퍼뜨림으로써 우리 국토가 토끼처럼 생겼다는 인식을 주입하고 민족의 기상을 억눌렀다. 선조들은 이에 즉시 반박했고, 국토가 호랑이 모습임을 우리 민족에게 일깨우기 위해 그림으로 표현해서 보여 주었다. 육당 최남선은 일제의 선전에 따른 그릇된 인식을 깨뜨리고 우리 민족의 기상을 드높이기 위해 잡지 『소년』의 창간호(1908년) 「지리 공부」 편에서 다음과 같이 설파했다.

우리나라는 마치 용맹스러운 호랑이가 발을 들고 동아시아 대륙을 향해 나는 듯 뛰는 듯 생기 있게 할퀴며 달려드는 모습을 하고 있는데, 더욱이 그 모습이 내포하는 의미도 아주 풍부하고 깊다. 이는 우리나라의 진취적이고도 무한한 발전, 그리고 끝없이 왕성한 삶의 기운을 남김없이 보여 주는 것이니 소년들은 마음을 단단하게 지니라.

그러나 일제의 선전이 워낙 조직적이고 강했기 때문에, 지금도 우리 국토가 토끼 모양이라고 생각하는 사람들이 있다.

땅과 사람은 분리된 것이 아니라, 산과 강이 어우러져 거기 기대어 사는 사람들과 조화를 이루고 있다. 강은 사람을 흐르게 하고 산은 사람을 막

「**근역강산맹호기상도**」 우리 나라를 호랑이의 포효하는 모 습으로 형상화한 그림 지도 로, 전통적인 국토관이 반영 된 대표적인 지도이다.

는다. 강이 동질성을 품는 동안 산은 이질성을 키운다. 이 땅의 역사와 문화를 이해하려 할 때에는 먼저 산과 강을 보는 눈부터 키워야 한다.

우리 선조들은 땅에 대해 위와 같이 생각했다. 그리고 이러한 생각의 바탕에는 우리 민족이 하나요, 우리 땅이 하나이듯이 우리 산줄기도 '민족의 영산' 백두산에서 지리산까지 끊어짐 없이 힘차게 뻗어 있는 백두대간이 중심을 이룬다는 인식이 있었다. 선조들은 우리 땅을 호랑이 모습으로 인식하면서 호랑이의 등줄기에 해당하는 백두대간을 민족 정신의 기둥으로 여겼다.

하지만 고토 분지로가 백두대간 개념을 없앤 채 '태백산맥'이니 '소백산맥'이니 하는 산맥 개념을 만들어 퍼뜨리면서, 백두대간을 근간으로 하는 전통적인 국토관이 스러져 갔다. 그 결과 우리 역사와 전통 문화의 기초가 되었던 우리 자연과 국토에 대한 사랑도 약해지게 되었다. 이것은 일제가 우리나라를 강점한 뒤 우리 역사를 배우지 못하게 하고 우리말을 쓰지 못하게 하기 전에 우리의 전통 지리를 학교 교육에서 빼 버린 것과 같은 맥락이다. 일제는 식민 통치를 정당화하기 위해, 토끼처럼 나약한 조선이 여러 강대국들의 침략에서 살아남으려면 강력한 일본의 보호를 받을 수밖에 없다는 사대주의와 지정학적 운명론[반도적 성격론]을 우리 민족에게 주입했다. 하지만 호랑이와 같은 용맹한 기상을 키워 온 우리 민족은 그 모든 억압과 거짓에도 굴하지 않고 줄기차게 민족의 역사를 이어 왔다.

그런데 우리나라는 어떻게 호랑이 모습처럼 생기게 되었을까? 일본 땅이 4~5억 년 전에 형성된 데 비해서 우리나라에는 5억 년 이상 된 땅들이 많다. 우리나라는 7개의 커다란 땅덩어리로 되어 있다. 다음 지

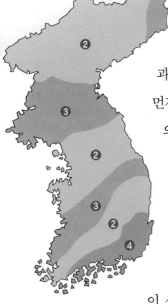

시생대, 원생대
고생대
중생대
신생대

**우리나라 땅덩어리의 구조와
형성 시기**

도에서 2번은 시생대, 원생대에 형성된 6억 년 이상 된 땅이다. 그리고 3번은 고생대에 형성된 2억 년 이상 된 땅, 4번은 중생대에 형성된 1억 년쯤 된 땅, 1번은 신생대에 형성된 비교적 최근의 땅이다. 이렇게 우리나라 땅이 형성된 과정을 제대로 이해하기 위해서는 지구의 땅덩어리가 이동한 과정을 먼저 알아야 한다. 오른쪽 그림은 지구의 땅덩어리가 맨틀 위에 몇 개의 판으로 이루어져 있음을 나타낸다. 이와 같은 판 구조론을 갖고서 우리나라 지형의 특성을 설명할 수 있다.

판으로 이루어진 땅덩어리는 지구 내부에 있는 맨틀이 대류하면서 이동하게 되었고, 우리나라는 태평양판이 미는 힘이 북서 방향으로 작용함에 따라서 땅덩어리가 북동-남서 방향으로 주름 잡히게 되었다. 이렇게 주름 잡히면서 땅이 갈라지고 단층이 많이 생겨났다. 우리나라 산줄기의 방향이 북동-남서 방향으로 많이 나타나는 것은 중생대에 일어난 우리나라 최대의 지각 운동 때문이다. 이렇게 중생대에 만들어진 북동-남서 방향의 지질 구조선들이 오랫동안 침식을 받아 오늘날과 같은 구릉성 산지를 이루게 되었다.

한편 태평양판과 유라시아판이 충돌하는 과정에서 일본 섬들이 활 모양의 대열로 만들어지고, 동해에 커다란 그릇 모양의 분지가 형성된 것은 신생대의 일이다. 이때 동해 지각이 확대되면서 일본이 동해에서 더 멀리 떨어지게 되었다. 이 과정에서 동해에서는 해안 가까이의 우리나라 땅이 솟아올랐다. 그 결과 우리나라는 전체적으로 융기했지만 동쪽과 북쪽은 많이 융기해 높고 서쪽은 조금 융기해 낮은 '동고서저'의 지형을 띠게 되었다.

약 1만 년 전에는 지구 전체의 30% 정도를 덮고 있던 빙하가 녹으

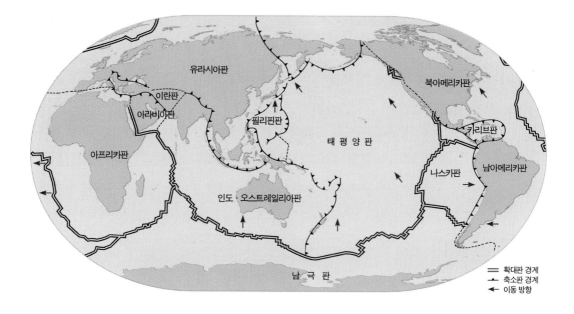

면서 해수면이 100m 이상 높아지기 시작했다. 이러한 해수면 상승 때
문에 우리나라는 삼면이 바다로 둘러싸이게 되었다. 이 과정에서 해발
고도가 낮은 남쪽과 서쪽은 해안선이 복잡하고 섬이 많은 리아스식 해
안의 특징을, 동해안은 해안선이 단조로운 이수 해안의 특징을 보이게
된 것이다. 우리나라가 호랑이 모습을 형성한 것은 5000년 전 이와 같
이 바닷물이 현재의 높이까지 올라왔을 때이다.

우리나라는 섬은 아니지만 삼면이 바다여서 섬에 가까운 자연 지리
현상을 많이 볼 수 있다. 해안에는 반도로 튀어나온 부분에 절벽이 있
는가 하면 반도와 반도 사이에 만이 있는데, 이러한 만에는 해수욕장으
로 이용되는 사빈과 모래언덕〔사구〕이 발달되어 있다. 특히 호랑이의 배
부분인 서해안에는 부드러운 갯벌이 대규모로 발달되어 있다. 크고 작
은 하천이 바다로 들어가는 하구에는 충적 지형이 넓게 발달해 있으며,
아름다운 해안을 따라 풍요로운 바다와 활기찬 항구가 줄지어 있다.

"산과 강이 어우러져 거기 기대어 사는 사람들과 조화를 이루고 있다."라는 선조들의 우리 땅에 대한 생각은 우리 역사와 문화, 우리 민족에 대한 사랑과 긍지로 이어졌다. 오늘을 사는 우리에게도 이와 같은 선조들의 생각이 온전하게 이어져야 한다. 일제는 우리 민족의 기상을 꺾기 위해 국토의 모습을 토끼에 빗대고, 행정 구역 개편을 구실 삼아 우리 고유의 지명을 마음대로 바꾸며, 식민 착취를 위한 구조로 우리의 전통 공간을 왜곡하였다. 우리는 이러한 잔재를 없애려는 노력과 함께 우리 국토에 대한 올바른 이해와 사랑을 한층 키워 나가야 한다.

백두대간인가, 태백산맥인가

우리 삶에 알맞은 산줄기 체계

조정래가 지은 대하 소설의 제목으로도 친숙한 '태백산맥'은 20세기 들어 생겨난 지명이다. 19세기까지 우리나라에는 '산맥'이란 말 자체가 없었다. 태백산맥은 높이 1567m의 태백산에서 유래한 이름이다.

조선 시대에 우리 선조들은 오늘날 으레 쓰는 태백산맥 말고 '백두대간'이라는 말을 썼다. 선조들이 호랑이처럼 생긴 우리 땅의 등줄기로 인식해 온 백두대간은 백두산에서 이른바 함경산맥, 태백산맥, 소백산맥을 거쳐 남해안 지리산에 이르는 산줄기를 말한다. 선조들은 이 산줄기가 백두산에서 지리산까지 중간에 아무런 막힘 없이 기운차게 연결되어 있다고 보았다.

그렇다면 어떻게 '백두대간'이 사라지고 '태백산맥'이 생겨났을까? 그리고 우리의 자연과 문화, 생활에는 어느 이름이 더 알맞을까?

'산맥'은 20세기 초 일제 통치자들에 의해 널리 쓰이기 시작한 말이다. 이 용어를 처음 만든 이는 일본의 지질학자 고토 분지로이다. 그는 일제가 우리나라 광물을 수탈하기 위해 우리 땅의 지질 구조를 조사하도록 임명한 책임 연구원이었다. 1900~1902년에 우리나라를 두 번 방문하여 약 14개월 동안 답사했고, 귀국해서는 우리나라 지질 구조를 조사하여 산줄기 체계를 정리한 결과를 논문으로 엮어 1903년에 발표했다. 그런데 이듬해에 일본의 지리학자 야스 쇼에이가 『한국 지리』를 집필하면서 지형 부분의 내용을 고토 분지로가 주장한 지질 이론의 틀에 따랐다. 이 책은 한국 지리와 관련된 다른 책들과 함께 일본에서 출판되었고, 식민 지배의 야욕에 휩싸여 있던 일본의 기업가와 민간인들에게 널리 읽혔다.

1908년에 나온 우리나라 지리 교과서 『고등 소학 대한지지』는 야스 쇼에이의 『한국 지리』와 체제도 비슷하고 지형 부분의 내용은 거의 같았다. 일본인들의 필요에 따라 쓰인, 게다가 지질 구조로 지형을 분석한 이런 지리서가 우리나라에 들어오자, 곧 일제에 의해 그 내용이 우리 지리 교과서에 고스란히 들어갔다.

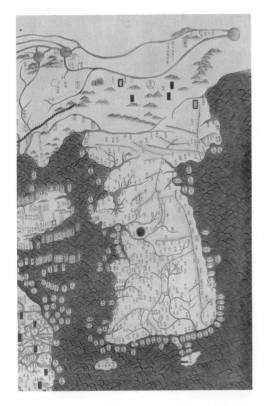

「혼일강리역대국도지도」의 조선 부분 산줄기를 강조하면서 산지를 표현한 것으로 보아 제작 당시인 1402년에 벌써 산줄기 체계가 형성되어 있었음을 알 수 있다. (지도 전모와 설명은 114쪽 참고)

1906년 정인호가 지은 교과서 『최신 고등 대한지지』는 『산경표』나 『대동여지도』 같은 우리 고유의 지리서를 다루었다. 그러면서 우리 선조들이 실제 지형을 토대로 형성했던 전통적인 지리 인식 체계와 개념에 대해 설명했다. 하지만 일제가 이것을 금서로 정해 읽지 못하게 했다.

이러한 시대 상황에서 최남선이 주도하고 장지연 등이 실무자로 활동하고 있었던 조선 광문회는 위기감을 느꼈다. 우리 땅을 제대로 살피지 않은 일본식 지리 인식 체계 때문에 우리 민족의 정체성과 전통 문화가 사라질지도 몰랐기 때문이다. 그래서 우리나라 지리 고전을 보존하고 널리 읽히자는 취지로, 그동안 체계화되지 않았던 많은 지리서들 가운데 『산경표』부터 정리하여 1913년에 새로 펴냈다 (산경표란 '산줄기를 나타낸 표'를 의미함). 일본인 학자들이 왜곡하는 우리나라 산줄기의 갈래와 이름을 바로잡기 위한 민족적 저항 의식에서 비롯된 출판이었다.

『산경표』는 우리나라 옛 문헌에 나오고 지도에도 오랫동안 표시되어 왔으나 그동안 정리되어 있지 않았던 산들의 이름과 산줄기의 흐름을 체계화한 책이다. 이러한 정리 작업을 한 사람은 조선 영조 시대의 실학자인 여암 신경준이라고 전해지며, 1770년경에 필사본으로 엮었다고 한다.

사실 이 책을 지은 이는 오랜 세월 이 땅에 살아 온 모든 사람들이라고 해야 할 것이다. 1650개나 되는 이름을 한 사람이 짓지 않았을 것이고, 1500개에 달하는 산과 고개를 한 사람이 다 돌아보지 않았을 테니 말이다. 산줄기를 '대간', '정간', '정맥'으로 분류한 이 책에 따르면 우리나라에는 1대간, 1정간, 13정맥이 있다. 여기서 가장 중심이 되는 줄기가 바로 백두대간이다.

고토 분지로가 지질학적 연구 방법—땅 속의 힘이 작용한 단층선, 습곡 등 지질 구조선을 조사하여 지구의 지각을 연구함—을 써서 새로 만든 우리나라 산줄기 체계는 정작 우리의 실제 지형과 삶에 온전히 맞

■ **1대간**
백두대간(백두산~두류산~금강산~설악산~
　　오대산~태백산~속리산~덕유산~지리산)

■ **1정간**
장백정간(원산~서수라곶산)

■ **13정맥**
청북정맥(낭림산~미곶산)
청남정맥(낭림산~광량진)
해서정맥(개연산~장산곶)
임진북예성남정맥(개연산~풍덕치)
한북정맥(분수령~장명산)
한남정맥(칠현산~문수산)
한남금북정맥(속리산~칠현산)
금북정맥(칠현산~안흥진)
금남정맥(마이산~조룡산)
금남호남정맥(장안치~마이산)
호남정맥(마이산~백운산)
낙동정맥(태백산~몰운대)
낙남정맥(지리산~분산)

• 산 이름으로 된 것(2개) : 백두대간, 장백정간
• 지방 이름으로 된 것(2개) : 호남정맥, 해서정맥
• 강 이름으로 된 것(11개) : 기타

■ **10대 강**
두만강, 압록강, 청천강, 대동강, 예성강,
임진강, 한강, 금강, 낙동강, 섬진강

『산경표』에 따른 산줄기 체계

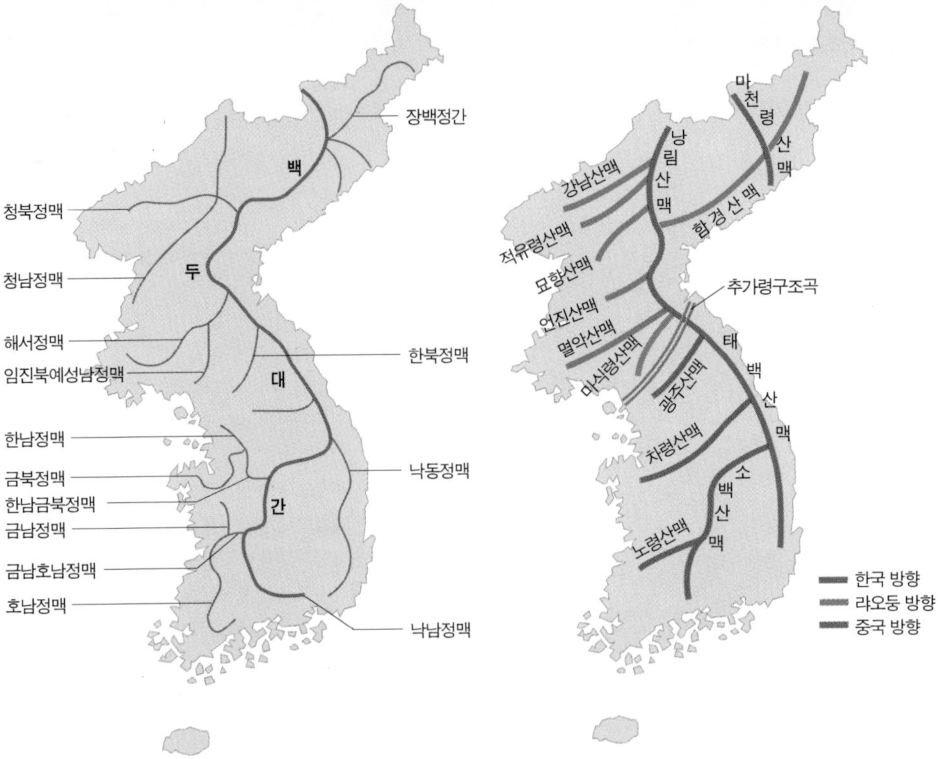
장백정간
백
청북정맥
청남정맥
두
해서정맥
임진북예성남정맥
한북정맥
대
한남정맥
낙동정맥
금북정맥
한남금북정맥
간
금남정맥
금남호남정맥
호남정맥
낙남정맥
마천령산맥
낭림산맥
강남산맥
함경산맥
적유령산맥
묘향산맥
추가령구조곡
언진산맥
멸악산맥
마식령산맥
태백산맥
광주산맥
차령산맥
소백산맥
노령산맥
한국 방향
랴오둥 방향
중국 방향

산경도와 산맥도 왼쪽은 우리 선조들이 전통적으로 인식한 산줄기 체계를 표현한 산경도이다. 오른쪽은 고토 분지로가 만든 산줄기 체계를 나타낸 산맥도로, 우리 교과서에 오래 실려 있었다.

지 않다. 즉, 높고 연속성이 강한 산줄기들은 지질 구조선을 반영하지만, 그 밖의 많은 산줄기들은 빗물과 하천에 의해 오랫동안 침식되어 지질 구조선이 실제 지형과 일치하지 않는 경우가 많기 때문이다. 그래서 고토 분지로의 산줄기 체계를 그대로 적용하는 데는 여러 모로 무리가 따른다.

예를 들면 고토 분지로가 랴오둥 반도 방향, 중국 방향으로 뻗어 있다고 본 산줄기들 가운데 어떤 것들은 실제로 연속성이 약한 구릉지이거나 중간이 끊겨 있다. 게다가 지질 구조선에 따라 셋으로 나눈 우리나라 산줄기 방향이 논리적으로 맞지 않는 경우가 있다. 예를 들어 함경산맥이 멸악산맥과 같이 '랴오둥 방향'이라면 형성된 시기와 원인이 같아야 하는데, 오히려 함경산맥은 '한국 방향'이라고 한 태백산맥과 같이 높고 동해 쪽으로 치우쳐 있다. 즉 함경산맥은 태백산맥과 형성 시기, 형성 원인이 비슷하다고 할 수 있다. 그렇다면 함경산맥을 멸악 산맥과 함께 묶는 데 무리가 있는 셈이다.

선조들이 만든 우리나라 산줄기 체계는 실제 지형을 토대로 한 것이 다. 지형은 기온, 바람, 강수 등 기후에 영향을 주고 기후는 농사, 의식주, 인구, 도시 분포 등 인간의 생활에 영향을 준다. 그래서 전통적인 산줄기 체계는 일본 학자가 만든 산줄기 체계보다 우리 자연과 문화, 생활에 잘 들어맞는다. 그래서 산줄기를 따라갈 때 산맥도를 보고 가면 하천을 만나는 바람에 더 이상 앞으로 나아가지 못할 때가 많지만, 산경도를 보고 가면 그럴 일이 없다. 우리의 전통적인 산줄기 체계는 선조들이 물줄기를 고려하여 만들었기 때문이다.

산줄기는 그 지역에서 가장 높은 곳이기 때문에 빗물과 눈 녹은 물이 산줄기를 경계로 여기저기 흩어져 흘러가게 된다. 이렇게 산줄기는 물줄기를 나누는 경계, 곧 분수계가 되는데, 그중에서 주요한 산줄기를 선조들은 '정맥'이라고 일컬었다. 우리나라 정맥은 모두 열세 개이다.

한 분수계 안에 흘러드는 빗물과 눈 녹은 물은 한 하천으로 모이는데, 이 범위를 '하천 유역'이라고 한다. 예를 들어 한강 유역의 분수계가 되는 산줄기는 백두대간, 한북정맥, 한남정맥이다. 고토 분지로가 만든 산줄기 체계의 산맥 개념으로는 분수계와 하천 유역을 알기 어렵다.

같은 호남 지방이지만 호남정맥을 경계로 서쪽은 서편제, 동쪽은 동편제로 정맥을 경계로 소리가 다르다. 해서정맥 북쪽은 황석어젓을, 그 밑에서 금북정맥까지 중부 지방은 새우젓을, 그 밑의 남부 지방은 멸치젓

우리나라 분수계와 하천 유역

두만강 유역

압록강 유역

청천강 유역

대동강 유역

예성강
유역

한강 유역

삽교천
유역

금강
유역

낙동강 유역

섬진강
유역

영산강
유역

을 담가 먹었다. (『한겨레』, 1994년 1월 7일자)

물줄기를 나누는 산줄기로 인해 생긴 하천 유역들은 위와 같이 오랜 세월 저마다 다른 문화를 형성하게 되었다.

이처럼 전통적인 산줄기 체계는 우리나라 실제 지형에 더 잘 들어맞고 각 지역의 자연 환경과 생활 환경을 이해하는 데 도움이 된다. 그런데 일제 강점으로 이러한 산줄기 체계가 사라졌고, 광복이 되었어도 한동안 고토 분지로의 산줄기 체계를 별다른 문제 의식 없이 답습해 왔다.

지리학자 김상호는 우리나라 산줄기에 대한 학문적인 견해를 처음으로 피력하면서 기존에 답습해 온 산맥 개념의 산줄기 체계가 불합리하다는 것을 지적했다. 지리학자 권혁재도 김상호와 같은 관점에서 우리나라 산줄기 체계를 정리했다. 즉 지반 융기로 형성된 마천령산맥, 함경산맥, 낭림산맥, 태백산맥, 소백산맥을 '1차 산맥'으로 분류하면서 기존에 랴오둥 반도 방향 산맥, 중국 방향 산맥이라고 했던 것들을 침식 뒤 남은 구릉성 산지로 보았다. 그리고 오른쪽에 보이듯이 1차 산맥과 하천만 표시한 산줄기 지도를 제안했다. 북한도 1996년부터 산줄기 체계를 재정비했다. '산맥'이라는 표현을 '산줄기'로 바로잡고 산줄기 이름도 바꾸었다.

최근에 전통적인 산줄기 체계를 되새겨 생활에 적용하려는 움직임이 활발하게 일고 있다. 정부에서는 실생활을 편리하게 하고 효과적인 국토 계획을 짜기 위해, 또 환경 단체나 일부 기관들은 강줄기 체계화로 물 오염을 막기 위해 전통적인 산줄기 체계를 적극적으로 받아들이고 있다. 수많은 산악인들이 산경도를 갖고 등산하고 있으며, 산림청에서도 백두대간 개념을 시민들에게 인식시키기 위해 애쓰고 있다.

건설교통부가 2000년부터 2020년까지 시행하는 제4차 국토 종합 계획에도 백두대간 개념이 들어 있다. 제4차 국토 종합 계획의 첫 번째

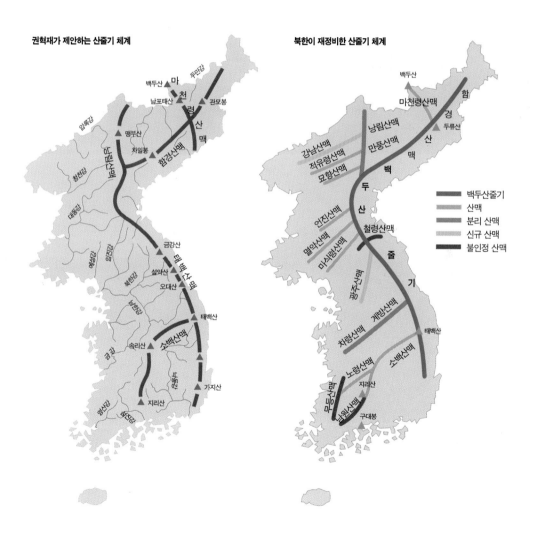

권혁재가 제안하는 산줄기 체계

북한이 재정비한 산줄기 체계

범례:
- 백두산줄기
- 산맥
- 분리 산맥
- 신규 산맥
- 불인정 산맥

강원도 점봉산 일대의 백두대간(위)과 백두대간 등산로(아래)

특징이 국토 환경을 적극적으로 보전한다는 것인데, 이는 국토 계획의 모든 부문에서 환경과의 조화를 중시한다는 뜻이다. 명칭 또한 과거에 '국토 종합 개발 계획'이라 했던 것을 국토 환경 관리를 중요시한다는 점에서 '국토 종합 계획'으로 바꾸었다. 이 계획에 따르면, 백두산에서 지리산으로 이어지는 1400km의 백두대간을 민족 생태 공원으로 지정해 남북한과 여러 지방 정부가 공동으로 관리하게 되어 있다.

만약 일제가 우리나라를 강점하지 않았다면 '산맥'이라는 개념이나 용어가 아예 생겨나지 않았을 것이다. 일제에 의해 그렇게 되었더라도 우리나라가 남북으로 분단되지 않았다면, 많은 사람들이 강원도 한쪽에 치우쳐 있는 태백산맥을 우리나라 등줄기로 착각하는 일이 벌어지지 않았을 것이다. '태백산맥'이 아닌 '백두대간'이 우리 의식과 실생활에 자리 잡을 때, 우리 한겨레의 오랜 역사와 삶이 끊어짐 없이 되살아나 새 역사를 창조해 나가는 원동력이 될 것이다.

저마다 개성 있는 암석과 산

우리 땅을 이루는 암석의 종류와 지형

정원석으로 쓰인 편마암 암석 표면의 무늬가 아름다워서 정원을 꾸미는 데 널리 쓰인다.

우리나라 땅은 장구한 지질 시대를 통해 다듬어졌다. 선조들이 터를 닦기 아주 오래 전, 수많은 식물과 동물들은 이 땅 위에 태어나 자라고 몸을 묻으면서 금수강산을 만들었다. 그런데 금수강산의 토대가 되는 암석은 풍화되어 소중한 흙이 되고, 하천에 의해 각종 지형으로 조각되어 우리 삶의 터전에 영향을 주며, 또 종류에 따라 나름대로 산업의 원료로 쓰이는 자원이 되기도 한다.

우리나라의 주요한 암석을 형성된 지 오래된 순서로 나열하면 편마암, 바다 퇴적암, 화강암, 호수 퇴적암, 화산암이다. 편마암은 시·원생대, 바다 퇴적암은 고생대, 화강암은 중생대, 호수 퇴적암은 중생대 후기, 화산암은 신생대에 형성되었다. 가장 오래된 편마암이 우리 땅에서 차지하는 면적이 제일 넓고, 가장 최근에 형성된 화산암이 제일 좁다. 이러한 암석들은 형성 시기가 다른 만큼 특성도 제각각이며, 산을 이루는 모습과 인간의 생활에 미치는 영향도 저마다 다르다.

편마암은 대체로 6억 년 이상 되었으며, 심지어 20억 년 이상 된 것
도 있다. 깊은 땅속에서 높은 압력과 열을 받은 암석으로, 밝은 무늬와
어두운 무늬가 층을 이룬다. 「애국가」 가사에 나오는 서울의 '남산'에
는 편마암이 넓게 분포하고 있다. 남한에서 두 번째로 높은 지리산, 그
리고 여름철 피서지로 널리 알려진 무주 구천동이 있는 덕유산이 이 암
석으로 만들어졌다. 편마암은 이처럼 중부 지방과 호남 지방을 비롯해
개마고원에도 발달해 있다. 편마암이 풍화되어 만들어진 흙은 두터워
서 나무가 자라기에 알맞고, 물기를 많이 머금는 성질이 있기 때문에
편마암으로 이루어진 산지에서는 가뭄의 피해가 적다.

석회암은 바다 속에서 탄산칼슘을 주성분으로 하는 물질이 쌓여서
굳어진 암석이다. 덥고 습윤하며 단층과 같은 지각 운동이 일어나는 곳

석회암 지형 석회암동굴의 종유석(왼쪽)과 석회암 지대 절개사면에서 보이는 테라로사(오른쪽)

에서는 석회암이 녹는 현상이 활발한데, 이러한 지형으로 유명한 곳이 중국의 구이린과 베트남의 할롱베이이다. 우리나라에서 석회암이 넓게 발달한 곳은 태백산 일대와 평안남도 지역이다.

석회암 지형으로 대표적인 것이 동굴과 못밭(돌리네)인데, 둘 다 석회암이 빗물에 녹아서 형성된 것이다. 못밭은 땅속으로 스며든 빗물에 석회암 지대가 녹아 연못처럼 오목해진 지형으로, 물기가 적어 밭으로 이용한다는 데서 그 이름이 유래했다. 석회암 지대의 흙은 붉은빛을 띠어서 '붉은(로사) 흙(테라)'을 뜻하는 '테라로사'로 불린다.

청와대 뒤쪽의 북악산은 북한산과 연결되어 있는데, 화강암으로 이루어져 있다. 화강암은 편마암이나 퇴적암을 뚫고 올라온 마그마가 7000m나 되는 깊은 땅 속에서 천천히 식으며 만들어진 암석이다. 편마암 다음으로 우리 땅을 차지하는 면적이 넓다. 그렇다면 화강암이 땅 위로 나와 있다는 사실은 무엇을 뜻할까? 우리나라 땅이 그만큼 안정

밭농사가 성행하는 못밭

된 상태에서 수억 년에 걸쳐 화강암이 드러날 정도로 침식을 받아 왔음을 뜻한다.

　화강암은 알갱이가 고른 편이어서 그 조각품이 아름답다. 북한산성, 불국사 등 우리나라 옛 성의 벽돌이나 절의 탑들은 대부분 화강암으로 만들어졌다. 경북 경주에 자리한 남산도 화강암으로 되어 있는데, 신라 시대 사람들은 이곳에 마애석불을 비롯한 수많은 불상을 조각함으로써 '부처의 나라[불국]'를 이룩하려고 했다.

　서울이 위치한 중부 지방은 전체적으로 편마암이 기반암을 이루고 있으나, 그 사이로 화강암이 뚫고 올라와 있다. 서울에서 화강암으로 이루어진 대표적인 산을 꼽으라면 북한산과 관악산을 들 수 있으며, 강원도의 설악산과 북한의 금강산도 화강암으로 만들어졌다. 이들 모두 빼어난 경관을 자랑하여 등산객들이 즐겨 찾는다.

　화강암은 모래 성분이 많아서 그 일대의 하천이나 바닷가에 모래가 **남산에서 본 북한산과 북악산**

금강산 만경대(위)과 경주 남산의 마애석불(아래) 화강암으로 이루어진 지형이 관광 자원 또는 신앙의 대상이 되고 있다.

많다. 이런 지대에서는 나무가 잘 자라지 못한다. 북악산을 끼고 있는 청계천도 모래가 많아서 물이 땅 속으로 잘 스며든다. 이런 점 때문에 청계천 복원 공사를 할 때 하천 바닥으로 물이 새지 않게 먼저 차수막 시설을 한 다음, 서울숲에 있는 뚝섬 정수장에서 정수한 한강 물을 잔뜩 끌어 와 빠른 속도로 흘러가게 만들어 놓았다. 그런데 이것은 환경 친화적인 공법이 아니다. 땅은 스펀지와 같아서 땅 위의 물과 땅 속의 물이 서로 오가게 되어 있는데, 이것을 차단해 버렸기 때문이다.

전북 진안에 가면 말의 두 귀처럼 생긴 신기한 모양의 산이 눈에 띈다. 바로 마이산이다. 하나는 수마이산, 다른 하나는 암마이산이라고 부른다. 그런데 생김새뿐 아니라 이 산을 이루는 암석도 독특하다. 마치 자갈을 많이 섞어 놓은 콘크리트 같다.

마이산을 이루는 암석은 역암이다. 역암은 운반 작용을 통해 퇴적된 암석으로, 지름 2mm 이상인 암석들이 30~50% 이상 들어 있는 점이

마이산 독특한 생김새 못지않게 보기 드문 지형 특성을 지녀서 국가 지정 명승 12호의 문화재로 인정받고 있다.

마이산의 타포니 마이산은 세계에서 타포니 현상이 가장 발달한 곳이다.

특징이다. 이러한 역암 지형은 어떻게 생겨났을까?

마이산은 1억여 년 전 중생대 백악기에 호수 가장자리에 있던 선상지가 단층 운동을 통해 솟아오른 것으로 보인다. 마이산을 형성한 역암은 물살에 이동해 온 자갈들이 모래, 진흙 등과 함께 쌓여 굳어진 것이다. 큰 자갈들이 꽤 매끈매끈하고 굵은 것으로 보아 물살이 아주 빠르고 강했던 것 같다. 여기서 나오는 화석을 분석해 본 결과 마이산의 역암은 경상계―중생대 백악기에 남부 지방에 넓게 형성된 퇴적층―와 비슷한 시기에 형성된 것으로 보인다.

역암은 기온이 변화할 때 암석을 구성하는 서로 다른 물질들이 떨어져 나가고 그 자리에 풍화 작용이 일어나면서 표면에 군데군데 구멍이 생기는 현상이 많이 나타난다. 이렇게 만들어진 지형을 '타포니'라고 하는데, 사람들은 여기에 종교적 의미가 담긴 상징물들을 안치하곤 한다.

한편 앞서 말한 경상계는 역암, 사암, 이암 등이 두껍게 쌓여 굳어진 퇴적층이다. 경상도 일대를 다녀 보면 길을 닦느라 땅을 깎아 낸 곳에서 여러 퇴적암들이 떡시루처럼 켜켜이 쌓인 모습을 잘 관찰할 수 있다. 1억 년 전 이곳은 공룡들이 사는 호수였다. 경남 고성과 전남 해남 등에서 발굴된 공룡 발자국 화석은 전 세계의 주목을 받고 있고 관광

경상계에서 나타나는 공룡 발자국 화석 사진은 경남 고성이다.

백두산 천지 국내 유일의 칼데라호이다. 이곳의 맑은 물은 송화강(쑹화강)의 원류가 된다.

제주도의 화산 지형 '오름' 큰 화산 옆에 붙어서 생긴 작은 화산체이다.

자원으로 활발하게 개발되고 있다.

　신생대의 화산 활동으로 형성된 지형, 다시 말해 화산암과 화산재들로 이루어진 지형으로 대표적인 것은 백두산, 한라산, 울릉도의 성인봉, 독도이다. 화산암에는 조면암, 안산암, 현무암 등이 있다. 조면암과 안산암을 이루는 용암은 분출되자마자 굳어 버려서 경사가 급한 지형을 만들고, 현무암을 이루는 용암은 분출 뒤 옆으로 퍼지면서 천천히 식기 때문에 경사가 완만한 지형을 만든다. 백두산과 한라산은 비교적 최근에 융기하여 침식을 덜 받았기 때문에 해발 고도가 높으며, 생물 다양성이 풍부하다. 특히 백두산에는 고등식물 1260여 종, 척추동물 280여 종, 무척추동물 1780여 종이 서식하는데다 우리나라 멸종 위기의 특산 생물까지 살고 있다. 그래서 1989년에 유네스코는 백두산을 '국제 생물권 보호구'로 지정했다.

산으로 올라가는 배

자유 곡류 하천과 범람원

'노아의 방주' 이야기를 모르는 사람은 거의 없을 것이다. 그러나 이 이야기가 유대 역사보다 2000년 앞선 수메르 역사에서 유래했다는 사실을 아는 사람은 적다.

수메르인은 인류의 역사에서 가장 먼저 문자를 만들어 쓴 민족으로, 지금의 메소포타미아 지방에 살았다. '강 사이에 있는 땅'이라는 뜻의 메소포타미아는 봄철에 상류 쪽 아르메니아 산지의 눈이 녹아 홍수가 일어났다. 이때 두 강—티그리스 강과 유프라테스 강—하류에는 물에 실려 온 비옥한 흙이 쌓여 농사가 잘되었다. 하지만 홍수가 심할 때면 사람들은 배를 타고 이웃해 있는 산으로 피신해야 했다.

이것은 그다지 먼 옛날, 먼 나라의 이야기가 아니다. 우리도 지금까지 홍수를 겪고 있다. 물론 옛날에 비해서 그 피해는 크게 줄었다. 다목적 댐을 많이 건설한 것이 가장 큰 이유이다. 그런데도 이따금씩 어마어마한 홍수가 일어나서 인명과 재산 피해를 내고 있다. 댐 또는 하천 연안의 인공 제방을

메소포타미아 서남아시아 티그리스 강과 유프라테스 강 사이의 지역 일대를 가리키며, 이곳의 '비옥한 초승달 지대'에서 문명이 발상했다.

0   500   1000 km

설치하지 못했던 옛날에는 홍수가 한번 나면 대처할 만한 수단이 없어서 피해 지역이 훨씬 더 넓었다.

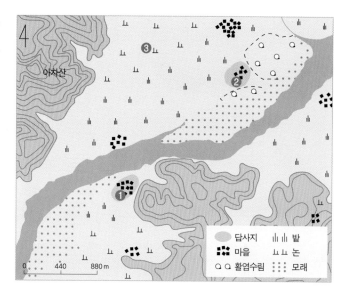

토평 일대의 지형도

오른쪽 지형도를 보자. 강 가까이에 있는 지역 중에서 어느 곳에 집을 짓는 게 나을까?

지형도상의 평지는 전체적으로 낮고 강 근처여서 습하다. 이런 곳에 비가 많이 내리면 금세 강물이 넘쳐흐른다. 강이 넘쳐흘렀을 때 물 속의 모래는 무거워서 멀리 옮겨 가지 못하고 물길을 따라 강가에 길게 쌓인다. 이렇게 해서 주변보다 수 미터 높은 제방(둑) 모양의 지형이 형성된다. 이것을 '자연 제방'이라고 한다. 바로 지도에서 밭을 비롯해 1, 2와 같이 마을이 자리 잡은 곳이다. 1은 구석기 유적이 발굴된 서울 암사동이고, 2는 경기도 구리시에 있는 토평이라는 마을이다. 자연 제방은 지대가 높고 배수가 잘되어서 집을 세우고 밭농사를 짓기에 좋다.

강물이 넘쳐흐르면 물 속의 모래는 자연 제방을 만들지만, 진흙이나 실트는 모래보다 가벼워서 자연 제방 너머 또는 지류를 따라 더 멀리 옮겨 간다. 이러한 진흙이나 실트가 쌓여서 생긴 지형은 자연 제방보다 수 미터 낮고, 강의 지류가 흐르니 물기가 많다. '배후 습지'라고 부르는 이 지형—지형도의 3—은 일제 강점기 때만 해도 대부분 쓸모없는 땅으로 버려진 채 갈대숲만 우거져 있었다. 그러다가 산업화가 진행되면서 농업, 공업 용지나 시가지로 개발되기 시작했다.

홍수 때의 퇴적

충적층

기반암

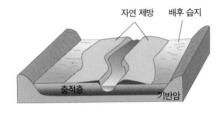

자연 제방   배후 습지

충적층

기반암

구하도   자유 곡류 하천

하중도

우각호

기반암

범람원이 형성되는 과정

이처럼 자연히 흐르는 하천이 넘쳐흘러서 생겨난 자연 제방과 배후 습지를 통틀어 '범람원'이라고 한다. 우리 선조들은 범람원을 '물이 차올라 넘어온다'라는 뜻의 '무너미땅'이라고 불렀다. 무너미땅은 지금도 우리나라 곳곳의 지명으로 남아 있으며, 나이 지긋한 마을 어른들이 곧잘 쓰는 말이다.

홍수가 심해지면 마을이 있는 자연 제방까지 물에 잠긴다. 이럴 때를 대비하여 터돋움집과 피수대[돈대]를 짓는다. 터돋움집은 집터를 높이 돋우어 집을 지은 것이다. 집집마다 터돋움집을 만들기 어려울 때는 마을의 빈 터를 돋우어 피수대를 만들었다. 홍수로 집이 잠기면 가축만이라도 챙겨서 이곳으로 피신할 수 있게끔 만든 것인데, 아름드리 느티나무 등을 심은 피수대는 여름철 마을 사람들의 휴식처가 되기도 했다.

피수대는 평지보다 몇 미터 정도 더 높지만, 홍수가 아주 심할 때는 여기까지도 물이 차올랐다. 그럴 땐 나무 위까지 올라가야 했다. 어떤 곳에서는 배를 준비해 두었다가 홍수가 나면 배를 타고 마을 근처의 산으로 대피했다. 앞의 지형도상의 토평은 1980년대까지만 해도 이러한 배들을 꽤 많이 볼 수 있었던 마을인데, 그 당시 홍수를 피해 간 산이 근처의 아차산이었다.

지금의 서울 한강 연안은 대부분 범람원이었다. 피수 시설이 제대로 되어 있지 않았던 옛날에 이곳은 홍수 피해가 심해서 사람들이 많이 살지 못했다. 20세기 최대의 홍수는 1925년에 일어난 '을축년 대홍수'이

범람원 자유 곡류 하천 주변에 넓게 형성되어 있는 자연 제방과 배후 습지가 농경지로 쓰이고 있다.

터돋움집 농가든 아파트든, 홍수에 곧잘 침수 되는 지역에서는 피해를 막으려고 터를 돋우 어 집을 짓는다.

다. 아래의 지도를 보면 그 피해 구역이 얼마나 광범위했는지 알 수 있다. 그 당시의 인명과 재산 피해는 가히 기록적이었다.

1925년 7월 9일부터 12일까지 4일 동안 서울에 383.7mm의 큰비가 내려서 대부분의 집들이 물에 잠기고 수많은 수재민이 생겼다. 비가 그쳐서 서둘러 피해 현장을 복구하려 했지만 15일부터 다시 큰비가 줄기차게 내려서 19일까지 5일 동안 무려 365.2mm의 강우량을 기록했다. 을축년 대홍수를 치른 선조들은 후손들이 홍수의 위험과 대비의 필요를 잊지 않도록 피해 지역에 기념비를 세우기도 했다.

서울의 중심부는 조선 시대에는 4대문 안에 있었고, 일제 강점기에는 더 확대되었으나 여전히 한강 본줄기에서 떨어져 있었다. 그래서 한강 본줄기의 홍수로 인한 큰 해를 입지 않았다.

을축년 대홍수 지역 그해의 홍수로 풍납·잠실·송파 부락의 모습이 완전히 사라졌으며, 사망자가 404명, 파손 건물이 1만 8072동에 이르렀다고 한다.

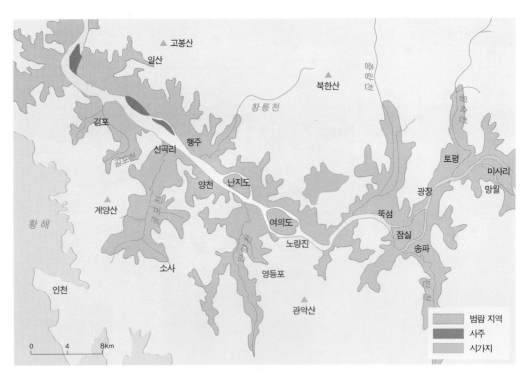

서울시 인구가 1000만 명에 이르는 오늘날, 왼쪽 지도에서 한강이 범람하는 지역들 대부분이 시가지로 번성해 있다. 이것이 가능한 것은 한강 본류와 지류에는 인공 제방을 쌓고, 주거 지역의 터는 대규모로 돋우며, 지류와 본류가 만나는 곳에는 수문을 설치함으로써 홍수 때 본류의 물이 거꾸로 들어오는 것을 막는 등 여러 가지 피수 시설을 마련한 덕분이다. 서울 목동, 고양 일산 신시가지, 부천 중동 신시가지의 아파트 단지는 터를 돋운 다음 건설했다. 지도에서 보이는 굴포천 연안의 경우 수문을 설치하여 수해를 해결했는데, 그 전에는 홍수로 한강의 물이 거꾸로 들어올 때 아름드리나무까지 흘러들 정도였다. 그래서 한국전쟁 직후만 해도 이곳 주민들은 그 나무들을 저습지에서 주워 와 땔감으로 썼다. 한편 서울 곳곳의 상습 침수지에는 배수 펌프장을 마련하여 홍수 때 하천 지류에 고인 물을 한강 본류로 퍼냄으로써 수해를 줄였다.

기술 문명이 발달하지 않았던 옛날에는 홍수 피해에 속수무책일 때가 많았다. 하지만 오늘날에는 홍수를 예측할 수 있고 대비할 수 있어서 피해가 눈에 띄게 줄었으며, 자연 하천을 개조함으로써 재해를 줄일 뿐 아니라 생활의 편의도 얻었다.

을축년 대홍수로 물에 잠긴 영등포 일대와 을축년 대홍수 기념비 그 당시 한강인도교 (지금의 한강대교)의 최고 수위가 11.66mm를 기록했다. 송파진(지금의 석촌호수 주변) 주민들은 재해에 대한 경각심을 후세에 전하려고 기념비를 세웠다(송파 근린 공원에 위치).

배수 펌프장 침수 피해가 잦은 지대에서는 '유수지'라는 공터를 두어 평소에 운동장이나 주차장으로 쓰다가(위) 홍수가 나면 여기로 빗물이 고이게 한다 (아래). 그리고 이 물을 펌프를 이용해 한강 본류로 내보낸다. 사진은 서울 망원동의 배수 펌프장이다.

그런데 이러한 하천 개조는 문제가 따른다. 구불구불했던 자연 하천을 직선으로 만들고 인공 제방을 쌓자 오히려 물살이 빠르고 강해져서 인공 제방이 무너지는 현상이 나타났다. 그리고 다양한 생명체의 먹이 공급처이자 서식지였던 자연 제방을 없애고 콘크리트 같은 인공 재료의 제방을 설치하자 생태계가 파괴되었다. 게다가 우리나라가 급속하게 산업화하고 도시화하는 과정에서 하천이 하수도 기능을 하게 됨에 따라 심각하게 오염되었다.

최근에는 이와 같은 문제점들을 해결하기 위해 곳곳에서 하천을 원래의 상태로 되돌리려는 공사를 벌이고 있다. 그 결과 물풀이 무성하고 물고기들이 산란하며 새들이 지저귀던 옛 모습을 서서히 되찾아 가고 있다.

상전벽해, 벽해상전

삼각주 형성이 불러오는 변화

이곳저곳에서 생산한 다양한 먹을거리가 오가지 않았던 선사 시대에 바닷가에 살았던 사람들은 주로 물고기와 조개를 먹고 살았다. 이들은 조개껍데기를 한곳에 버렸는데, 먼 뒷날 이러한 조개더미〔패총〕 유적이 발굴되어서 그 당시의 생활상을 짐작할 수 있게 되었다.

이러한 유적이 낙동강 하구에 위치한 경남 김해 일대에서도 발굴되었다. 무려 스물네 군데나 되었으며, 무엇보다도 그 위치가 바다에서 17km나 뚝 떨어진 육지여서 놀라웠다. 조개 종류는 굴, 백합, 꼬막 등

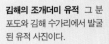

김해의 조개더미 유적 그 분포도와 김해 수가리에서 발굴된 유적 사진이다.

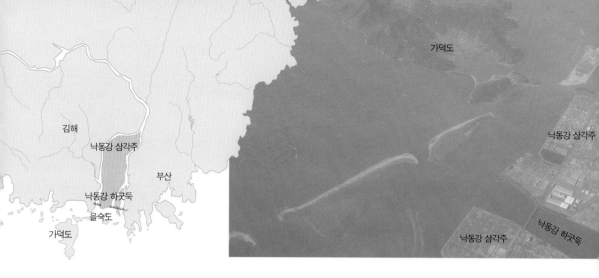

낙동강 삼각주 사진은 낙동
강 하구 부분을 항공 촬영한
모습이다.

다양했고 바닷물에 사는 것들, 민물에 사는 것들이 두루 있었다.

지금의 김해평야 일대는 빙기에 해수면이 지금보다 낮아서 넓은 계곡을 형성하고 있었다. 이 계곡은 후빙기에 해수면이 높아지자 바닷물이 들어와 만이 되었다. 김해만은 물결이 잔잔하고, 낙동강을 따라 떠내려 온 영양분이 풍부해서 조개 따위가 자라기에 좋았다. 이 지역 주민들의 말에 따르면, 수십 년 전만 해도 낙동강 하구에 물고기와 조개가 매우 많았다고 한다. 수천 년 전에도 이렇게 수산물이 풍부했을 것이다.

넓은 김해만은 낙동강에서 계속 흙과 모래가 떠내려 와 쌓이자 점점 얕아졌고, 마침내 메워져 뭍이 되었다. 낙동강 어귀에 삼각주가 생긴 것이다. 그러자 생태계도 바뀌었다. 바닷물이 민물로 바뀌면서 바닷물에 살았던 조개들도 사라졌다.

삼각주란 하천이 바다로 들어가는 어귀에 하천이 운반한 흙모래가 쌓여서 된 평평한 지형을 말한다. 이름을 듣고 언뜻 삼각주의 생김새가 모두 세모꼴일 것이라고 생각하기 쉬운데, 실제로 세모꼴이 아닌 삼각주들이 더 많다.

삼각주는 바다의 밀썰물이 쓸어 가는 흙모래보다 하천이 실어 오는

낙동강 삼각주의 풍경 (위부터) 가덕도, 파밭(조선 시대에는 염전), 을숙도 갈대숲, 낙동강 하굿둑

흙모래가 더 많을 때, 즉 바다의 밀썰물 차가 작을 때 잘 형성된다. 우리나라에서는 동해안의 여러 하천 하구와 낙동강 하구, 압록강 하구에 발달했다.

큰 하천은 흙모래를 많이 운반하는데, 미시시피 강은 한 해에 3억t의 흙모래를 날라서 이곳의 삼각주는 그 무게를 견디지 못해 해마다 1mm씩 가라앉는다. 삼각주 부근의 퇴적층은 두께가 히말라야 산맥의 높이보다 두껍고 무게는 지각 변동을 일으킬 만하다.

인도차이나 반도의 젖줄인 메콩 강에는 강어귀에서 상류로 300km 지점까지 삼각주가 펼쳐져 있다. 이러한 삼각주는 옛날에 바다였다가 뭍이 된 것이다. 메콩 강 삼각주는 해마다 60cm씩 바다로 뻗어 나가고 있는데, 넓이가 남한 면적의 반쯤 되어서 자동차로 몇 시간 달려도 산을 볼 수가 없다. 여기에서 생산되는 쌀만 해도 우리나라 생산량의 반이나 되며, 강기슭의 호치민〔사이공〕 항구에서 세계 각지로 수출된다.

삼각주는 해발 고도가 낮고 지반이 약하며 습지가 많다. 동나이 강 삼각주에 자리한 베트남 최대 도시인 호치민에서 가장 높은 곳은 강 위의 다리다. 이곳 사람들은 물 위에 집을

짓고 살면서 강을 상수도이자 하수도로 이용하며, 주로 배를 타고 다닌다. 베트남의 수도인 하노이도 송코이 강 하구에 형성된 삼각주에 세워진 도시다. 그 밖에 타이의 수도인 방콕도 차오프라야 강 하구의 삼각주에 만들어져 오늘날처럼 번성했다.

히말라야 산맥에는 조개 같은 바다 생물의 화석이 많다. 이는 원래 동아프리카에 붙어 있었던 인도 반도가 지각 운동을 통해 아시아 대륙으로 밀려왔을 때 바다 밑 퇴적층이 높이 올라오면서 히말라야 산맥을 형성했기 때문이다. 그때 인도와 히말라야 산맥 사이는 바다였다. 갠지스 강과 인더스 강이 실어 나른 흙모래가 이 바다를 메움으로써 충적 평야로서는 세계적으로 넓은 힌두스탄 평야를 만들어 냈다.

힌두스탄 평야는 서쪽 아라비아 해에서 동쪽 벵골 만까지 길이가 3000km, 폭이 300km에 이르고 넓이는 우리나라의 다섯 배가 넘는다. 갠지스 강과 인더스 강을 모두 끼고 있는 힌두스탄 평야는 오늘날 풍부한 쌀과 밀을 생산하는 곡창이자 최대 인구 밀집 지역이다. 인도의

베트남의 수상 생활
삼각주는 수로가 종
횡으로 잘 발달되어
있어서 배로 이동하
기에 좋다. 일부 주민
들은 수상 가옥에서
생활한다.

쌀과 밀 생산량은 중국에 이어 세계 2위를 차지한다. 세계 4대 문명의 하나인 인도 문명이 바로 이 평야에서 발상했다.

세계 4대 문명의 발상지 가운데 세 지역이 삼각주에 자리 잡고 있다. 인도 문명을 비롯해 메소포타미아 문명, 이집트 문명이 그것이다. 숱한 지류와 본류가 합쳐져 도도히 흐르던 하천이 마침내 바다를 만나 그동안 실어 나른 흙모래를 어귀에 잔뜩 쌓아 놓고, 이러한 현상이 오랜 세월 이어져서 바다가 메워지며 그 땅에 거대한 인류 문명이 탄생하고 국가와 도시가 번성한 것이다. 바다가 뭍이 되었으니 말 그대로 '벽해상전(푸른 바다가 뽕나무밭이 되다)'인 셈이다. 오늘날에도 세계 곳곳의 삼각주들이 자연의 힘으로 계속 자라고 있다.

하천 하구에 쌓이는 흙모래 양은 인간의 힘에 의해 달라지기도 한다. 다음의 글은 인간의 활동 때문에 하천 하구의 흙모래가 너무 많이 쌓이

나일 강 삼각주와 카이로 나일 강 유역에서 이집트 문명이 발생했고 도시가 번성했다.

면 어떤 일이 일어나는지, 그리고 인간이 자연을 마구 이용하다 보면 어떻게 되는지 잘 알려 준다.

자연의 이용이 도리어 재앙을 가져온 예들은 인류 역사의 초기부터 있었다. 지중해 연안은 한때 고대 그리스와 로마 문명을 비롯해 여러 문명이 발상했다가 사라진 곳인데, 오늘날의 모습을 보면 과연 이곳이 당시 최고의 문명을 자랑했었는지 의심스럽다.

그중에 에페수스는 로마가 거대한 제국을 건설했던 시기에 번성한 해양 도시다. 그러나 지금은 거대한 원형 경기장을 비롯해 대리석 건물들, 조각 예술품들이 잔해만 남아 있는 폐허로 변해 있다. 에페수스가 이렇게 갑자기 몰락하게 된 원인은 무엇일까?

아직도 정확한 원인이 밝혀지지 않았지만, 생태계 변화 때문일 것이라는 추측이 많다. 생태계 변화는 그 당시 번성했던 식물상을 조사해 보면 알 수 있다. 식물의 꽃가루는 잘 썩지 않아 지층에 아주 오랫동안 보존되기 때문이다. 지층에서 발견되는 꽃가루를 분석해 보면 그 당시의 기후와 식물상뿐 아니라 농업의 행태나 사회상까지 알 수 있다.

에페수스가 가장 번성했던 2000년 전의 지층을 분석해 본 결과 밀의 꽃가루가 많이 발견되었다. 이를 통해 그 당시에 밀 중심의 밭농사가 성행했음을 알 수 있다. 이보다 오래된 지층에서는 목초지에 많이 자라는 질경이의 꽃가루가, 그리고 사람이 살지 않았던 4000년 전 지층에서는 떡갈나무의 꽃가루가 많이 발견되었다. 이것은 에페수스의 환경이 삼림 지대에서 목초 지대를 거쳐 농경 지대로 변화했다는 사실을 뒷받침해 준다. 다시 말해 사람들이 모여들자 농경 지대가 확대되고, 이에 따라 삼림 지대는 점점 줄어들게 되었던 것이다.

이탈리아

알바니아

마케도니아

불가리아

흑 해

그리스 에게 해

터키

에페수스

에페수스의 유적 고대의 번성했던 면모는 폐허의 자취만 남기고 사라졌지만, 전 세계 관광객의 발걸음을 불러들이고 있다.

삼림은 물의 순환 과정에서 매우 중요한 역할을 한다. 삼림은 낙엽과 표층토가 풍부해서 많은 물을 저장할 수 있다. 이곳에 저장된 물이 증발해서 구름이 되고, 구름은 다시 비가 되어 삼림으로 돌아온다.

그런데 에페수스에서는 문명이 번창하면서 이러한 삼림이 줄어들게 되었고, 그에 따라 물의 순환이 제대로 이루어지지 못해서 강우량이 줄어들었다. 기후가 건조해져 땅이 점점 메마르게 되자 에페수스에는 흉년이 거듭되었고, 풍요로웠던 문명의 뿌리가 흔들리기 시작했다. 게다가 헐벗은 산의 표층토가 빗물에 씻겨 내려 하천 하구에 쌓임으로써 서서히 바다가 메워지자 바닷길이 막혀 버렸다.

교역 기능을 잃은 에페수스는 해양 도시의 위상을 상실하고 말았다. 결국 아무도 살지 않는 폐허가 되었다.

(1994학년도 2차 대학수학능력시험 언어영역의 예문 중에서)

에페수스의 사례는 인간의 자연 훼손 때문에 하천 하구의 흙모래 양이 많아져 문제가 된 경우이지만, 반대로 하천 하구의 흙모래 양이 너무 줄어들어도 문제가 된다. 예를 들어 댐 건설이 그러한 문제를 일으킨다.

아프리카 북동부에 있는 나일 강 삼각주의 해안에서 지중해 쪽을 보면 바다 위에 등대가 우뚝 솟아 있다. 해안에서 1km쯤 떨어진 지점이다. 등대는 원래 해안에 있었다. 그런데 아스완하이 댐이 생기고부터 나일 강 삼각주가 바다 물결에 깎여 나가자 등대가 바다 한가운데로 나앉게 되었다. 뭍이 바다가 되었으니 '상전벽해(뽕나무밭이 푸른 바다가 되다)'인 셈이다.

역사학자 헤로도토스는 "이집트 문명은 나일 강의 선물"이라고 말했다. 그런데 문명 발상지이자 곡창 지대인 나일 강 삼각주가 날이 갈수록 좁아지고 있다.

옛날에 나일 강 삼각주는 지중해 쪽으로 아주 넓게 발달해 있었다. 홍수 때 상류에서 떠내려 와 쌓이는 비옥한 흙모래는 바다의 밀썰물이 쓸어 가는 흙모래보다 훨씬 많았기 때문이다. 그런데 이제 그 흙모래의 98%가 아스완하이 댐이 만든 나세르 호 부근에 쌓이고 있으며(55쪽 지도 참고), 지중해로 흘러 들어가는 나일 강 물의 양이 10%로 줄었다.

나일 강 하구에 쌓이는 흙모래의 양만 줄어든 것이 아니다. 나일 강은 지중해로 흐르는 강들 중에서 가장 풍부하고 거의 유일한 영양 공급

아스완하이 댐 이집트 아스완 주 부근의 나일 강 급류를 막아서 건설한 세계 최대의 댐이다. 높이가 111m, 제방 길이가 3.6km, 저수량이 무려 1570억㎥, 저수지 길이가 500km에 이른다.

원인데, 아스완하이 댐 건설로 흐름이 막히자 지중해 생태계에 나쁜 영향을 미치게 되었다. 나일 강이 한창 범람하는 9월과 10월에 강 어귀의 이집트 연근해는 온갖 종류의 물고기들이 몰려들어서 놀랄 만큼 활기를 띠었다. 어부들은 자녀 결혼이나 집수리 따위로 목돈 쓸 일이 생기면, 이러한 풍어기에 배를 가득 채워 한밑천을 잡았다. 그러나 아스완하이 댐이 건설된 뒤 식물 플랑크톤이 1% 이하로 줄어들면서 정어리나 멸치 떼들이 거짓말처럼 자취를 감추었다. 게다가 나일 강 유역의 지하수면이 높아지면서 염분이 땅 위로 배어 나와 농경지들이 소금밭으로 변하고 있다.

하천을 따라 떠내려가는 흙모래는 우리 눈에 잘 띄지 않는다. 하지만 이것은 오랜 세월 양이 불어나면서 하천 하구에 쌓여 지형을 바꾸고 때로는 지각 운동까지 일으킬 수 있는 위력을 발휘하게 된다. 이러한 흙모래는 비옥한 충적 지형을 만들어서 문명을 탄생시키기도 하고 풍부한 곡식을 길러 내기도 한다. 그렇지만 인간이 하천을 지나치게 개발하면 오히려 운반되는 흙모래의 양이 너무 늘어나거나 줄어들어서 생태계의 균형이 깨질 수 있다. 그 피해는 인간에게 고스란히 돌아오게 마련이다.

지구를 지탱하는 작은 땅

습지의 가치와 중요성

"어렸을 때는 바다가 마을 바로 가까이에 있었는데, 지금 가 보면 멀리
떨어져 있어."

경기만의 바닷가가 고향인 사람의 말이다. 틈만 나면 갯벌에서 뛰어
놀았던 추억의 바닷가가 어째서 그렇게 멀어졌을까?

전라북도의 어떤 마을은 일제 강점기에 고기잡이배들로 번성했다.
아직 살아 있는 노인들의 이야기를 들어 보면 '개들도 돈을 물고 다녔
다'고 한다. 그러나 그 마을도 이제 항구가 아니다. 갯벌이 만들어져서
더 이상 배가 드나들 수 없게 되었기 때문이다. 그 마을에는 어판장 등

줄포 옛날에는 항구로 번성
했으나, 지금은 갯벌로 변해
버려 배들이 드나들 수 없고
전성기에 세워졌던 어판장만
남아 있다.

수십 년 전 부두 시설의 일부가 유물처럼 남아 있다.

오늘도 개흙은 서해안의 만에 쌓이면서 더 큰 갯벌로 자라고 있다. '개'는 강이나 내에 밀물과 썰물이 드나드는 곳이고, '벌'은 평평하고 넓게 쌓인 땅이다. 갯벌은 조류가 운반해 온 미세한 흙모래가 파도 잔잔한 해안에 쌓여 평평하게 형성된 연안 습지를 말한다. 갯벌은 계속 성장하면서 새로운 해안 지형을 만들어 낸다.

우리나라 갯벌은 후빙기 이후 최근 수천 년 동안 꾸준히 형성되었고 지금도 활발하게 생겨나고 있다. 우리나라 서·남해안에는 갯벌이 많다. 남한 전체 갯벌의 83%가 서해안에, 17%가 남해안에 있다. 우리나라 갯벌은 세계적으로도 규모가 커서 북해 연안, 캐나다 동부 해안, 미국 동부의 조지아 해안, 남아메리카 아마존 하구와 함께 세계 5대 갯벌로 꼽힌다.

인천 강화도에 성화를 채화하는 마니산이 있다. 여기에 올라가 내려다보면 남쪽은 바다요, 북쪽과 동쪽은 평야이다. 그런데 마니산은 원래 5000년 전 후빙기부터 수백 년 전까지, 강화도와 떨어진 채로 바다 한가운데 우뚝 솟아 있던 섬이었다. 두 섬 사이에 한강과 임진강에서 흘러 온 흙이 쌓여 갯벌을 형성했고, 점점 더 넓어지는 갯벌을 사람들이 평야로 개발하면서 두 섬이 연결된 것이다.

강화도는 우리나라에서 가장 일찍 체계적으로 대규모 간척을 이룩한 곳이다. 간척 전에는 수많은 크고 작은 섬들이 복잡한 해안선을 형성하고 섬 주변에 넓은 갯벌이 발달해 있었다. 그런데 고려 말 간척을 시작하면서 작은 섬들이 강화도, 교동도, 석모도와 연결되었고 해안선은 단순해졌다. 이렇게 넓은 갯벌을 메우고 일구면서 만들어진 땅이 오늘날 약 130km²에 이르며, 이는 강화도 전체 면적의 약 1/3이다.

이와 같이 강화도는 인간 생활에 여러 모로 제약이 많은 '섬'의 한계를 오랜 세월 간척 문화로 극복한 대표적인 곳이다. 하지만 대부분의 간척지들은 간척이 환경에 끼치는 영향을 이런저런 척도로 평가하지 못했던 시절에 만들어진 것이다. 그래서 해안선 변화에 따른 조류 변화, 또 그로 인한 갯벌의 침식과 지반 침하, 이러한 현상들이 때때로 유발하는 해일 피해와 농경지 유실 등 간척의 부작용이 뒤따르고 있기도 하다.

강화도 갯벌은 오늘날까지 꾸준하게 생겨나 성장하고 있다. 이러한 갯벌이 품은 천연의 생태계는 강화도가 문화 유산의 보고일 뿐 아니라 자연 유산의 보고라는 가치를 드높이고 있다.

우리나라가 급속한 산업화와 도시화를 이루고 있을 때 갯벌은 다목적 용지로 개발되기 일쑤였다. 갯벌이 늘 그대로 있을 때는 존재의 가치를 깊이 인식하지 못하다가, 개발로 점점 망가지고 사라져 가자 최근 들어 그 가치를 재발견하고 보전하려는 노력이 활발해지고 있다.

갯벌의 가치는 무궁무진하다. 무엇보다도 갯벌은 생물 다양성의 보

마니산에서 내려다본 강화도
멀리 보이는 해안에 넓은 갯벌이 썰물 때 드러나 있고, 갯벌 바로 뒤로는 강화도 사람들의 피땀이 어린 간척지가 농경지로 잘 정리되어 있다.

고이다. 바다와 육지의 경계에 위치해서 두 생태계의 생물들을 아울러 보듬고, 먹이와 은신처가 풍부해서 서식지와 산란장으로 안성맞춤이다. 우리나라 서·남해안 갯벌에는 200여 종의 어류, 250여 종의 갑각류, 200여 종의 연체동물, 그 밖에도 각종 미생물과 미세조류가 살아가고 있다.

갯벌은 자연 생태계 중 생산력이 가장 뛰어나서 수산물의 보고이기도 하다. 갯벌의 생산력은 농경지, 삼림보다 훨씬 뛰어날 뿐 아니라 연근해보다 무려 10~20배나 되어서 어업 활동의 약 90%가 갯벌에서 행해지고 있다. 대표적인 수산물이 조개류, 낙지, 갯지렁이 등이다. 김과 굴도 갯벌에서 양식되는 주요 수산물이다.

강화도의 간척 과정

갯벌 갯벌에서 살아가는 생명체는 자연을 정화할 뿐 아니라 인간에게 영양 풍부한 먹을거리도 제공한다.

갯벌은 검은머리물떼새, 노랑부리저어새, 괭이갈매기 등 온갖 새들의 낙원이기도 하다. 우리나라 갯벌을 찾는 새들 중에는 희귀종이 꽤 많으며, 세계적으로 유례없이 큰 개체군을 이루는 종들도 있다. 새는 먹이사슬의 윗부분을 차지하고 수명이 길어서 환경을 평가할 때 지표가 된다. 새들이 서식지와 산란장으로 갯벌을 즐겨 찾는다는 것은 갯벌의 생태계가 그만큼 건강하고 안정되어 있다는 뜻이다.

갯벌은 자연 정화 능력 또한 탁월하다. 갯벌의 오염 정화 능력을 실험해 본 결과, 갯벌 10km^{2}의 정화 능력은 면적 25.3km^{2}에 10만 명이 살고 있는 도시의 오염 물질을 정화하는 하수 종말 처리 시설에 맞먹었다. 갯벌은 육지의 자연 재해를 줄여 주기도 한다. 홍수가 났을 때 물을 저장하고 물살을 가라앉히는 역할을 하며, 태풍이나 해일이 일어났을 때는 육지를 향한 충격을 방패막이처럼 덜어 주기도 한다.

이처럼 소중한 가치를 품고 있는 갯벌을 좀 더 가깝게 접할 수 있는 기회가 점점 많아지고 있다. 갯벌에 대한 관심과 이해를 증대시키려는 생태 공원이나 체험 학습장이 서·남해안 곳곳에 많이 세워지고 있기 때문이다.

습지는 갯벌 말고도 여러 종류가 있다. 말 그대로 '젖은 땅'을 뜻하는 습지는 민물이든 바닷물이든 물 깊이가 얕은 곳을 두루 일컫는다. 종류는 크게 연안 습지와 내륙 습지로 나눌 수 있는데, 연안 습지는 주로 바닷물이 흐르는 지역에, 내륙 습지는 민물이 흐르는 지역에 분포한다. 만에 발달하는 갯벌을 비롯해 석호, 그리고 하천 하구의 삼각주에 발달하는 습지는 연안 습지다. 한편 육지나 섬 안에 발달하는 호수, 늪, 저수지는 내륙 습지다.

다음의 지도를 보면 1은 화진포로, 연안 습지에 해당하는 석호이다.

갯골 밀물, 썰물 때 바닷물이 드나드는 물고랑으로, 서해안 갯벌에서 흔히 볼 수 있다. 이 통로로 어류와 새우가 드나들어서 큰 갯골에서는 어선 조업도 하지만, 물이 들고 날 때 늪이 되어 인명 피해가 곧잘 난다.

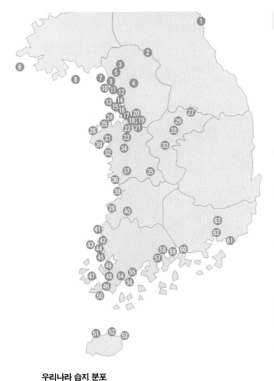

번호	지명	번호	지명	번호	지명
1	화진포	22	아산만	43	무안 지도읍
2	철원	23	삼교호	44	무안 매안
3	대성동	24	대호 UNDP 생태 공원 지구	45	압해도
4	서울 한강	25	대호	46	영암호
5	한강·임진강 하구	26	가로림만	47	해남 금호호
6	백령도	27	충주호	48	해남 고천암
7	강화도	28	백곡	49	해남 황산
8	신도	29	완남호	50	진도
9	영종도 북단	30	태안 해안 국립공원	51	제주 북촌
10	영종도 남단	31	서산호 A와 B	52	제주 하도리
11	송도 갯벌	32	천수만	53	제주 성산포
12	소래 갯벌과 염전	33	대청호	54	강진만
13	영흥도, 선재도	34	예당	55	대덕
14	시화호	35	탑정호	56	보성만
15	대부도	36	금강 하구	57	순천만
16	제부도	37	금강	58	광양만 서부
17	남양만	38	새만금	59	광양 갈사만
18	기아 갯벌	39	곰소만	60	남해
19	남양호	40	당림호	61	낙동강 하구
20	홍원리 들녘	41	백수 갯벌	62	주남 저수지
21	아산호	42	함평만	63	우포늪

우리나라 습지 분포

2, 3, 4는 하천 주변의 내륙 습지고 한강 하구인 5와 섬 주변의 6, 7, 8 은 연안 습지다. 지도에서 보다시피 우리나라는 연안 습지가 넓게 분포 하는데, 특히 서해안에 발달해 있다.

갯벌을 중심으로 살펴보았듯이 습지의 가치는 헤아릴 수 없이 많다. 원시의 자연 상태를 유지하고 있거나 생물 다양성이 아주 풍부한 습지 는 각별하게 보전할 필요가 있다. 우리나라는 1999년 2월에 습지 보전 법을 제정하여 습지 보호 지역을 지정하고 보호하는 데 힘쓰고 있다. 강원도 인제의 용늪, 경남 창녕의 우포늪, 부산의 낙동강 하구, 울산의 무제치늪 등이 습지 보호 지역이다. 보호 지역으로 지정된 습지에서는 외지인이 조개류 채취나 건물 신축·증축, 골재 채취 등을 할 수 없게

법으로 정해 놓았다. 다만 그 지역의 주민들이 생업으로 오랫동안 계속해 온 채취나 경작은 예외적으로 허용된다.

습지는 육지 면적의 약 6%를 차지하지만 지구 생명력을 지탱하는 중요한 역할을 하기 때문에 세계 각지에서 습지를 보전하려는 움직임이 활발하게 펼쳐지고 있다. 이란의 람사르에서 협정을 맺은 까닭에 '람사르 조약'으로도 불리는 국제 습지 조약은 해마다 2월 2일을 '습지의 날'로 정함으로써 가맹국뿐 아니라 전 세계의 사람들에게 습지 보전과 관리에 대한 이해와 관심을 불러일으키고 있다.

국제 습지 조약은 24개국이 참가한 가운데 1971년에 처음 만들어졌고 2005년에는 가맹국이 147개에 달했다. 우리나라는 1997년에 101번째로 가입했으며 창녕의 우포늪, 인제의 용늪, 흑산도의 장도 습지 등이 국제 습지 조약에 보전 습지로 등록되어 있다. 2008년에는 우리나라에서 제10차 람사르 총회가 열린다. 이 총회의 유치 성공은 우리나라 중앙, 지방 정부가 습지를 보전하고 지속 가능하게 이용하는 데 들인 노력이 국제 사회에서 인정받았음을 뜻한다.

그런데 습지 보전을 누구나 원하는 것은 아니다. 습지 때문에 오히려 생업을 제대로 할 수 없는 사람들, 또는 습지를 메워 원하는 시설 단지로 개발하려는 사람들에게는 습지 보전이 그다지 달갑지 않을 수 있다.

예컨대 경남 창원의 주남 저수지는 특히 철새 도래지로 환경적 가치가 높은데, 이곳에 날아드는 철새들을 보호하기 위한 법이 제정되려고 하자 철새 때문에 경작물 피해를 당한 일부 주민들이 반대하기도 했다. 한편 강원도 속초에 위치한 자연 석호인 청초호는 시민들과 환경 단체가 반발했지만 1/3가량이 메워지고 말았다. 1993년 이후 유원지 개발과 1999년 강원 관광 엑스포 개최지 개발을 위해서였다.

서해안의 새만금 간척 사업도 많은 국민들이 반대했으나 결국 중앙 정부와 지방 정부가 강력하게 추진하고 있다. 새만금 간척은 만경강, 동진강 하구의 갯벌을 메워서 다목적 용지를 최대한 확보하려는 사업이다. 공사가 완공되면 4만 100ha의 용지가 새로 생기지만 소중한 가치를 지닌 갯벌 생태계가 영영 사라져 버린다.

국내의 습지 보전 현황을 살펴보면, 먼저 인천광역시는 지역 주민들의 동의를 얻어 강화도 남쪽의 갯벌 수천만 평을 보호 지구로 정했다. 경남 창녕의 우포늪도 생태 보전 지역으로 지정되었다. 처음에는 지역 주민들이 반대했지만, 습지의 의미와 가치를 주민들에게 꾸준히 알려 온 환경 운동가의 노력 덕분에 마침내 주민들이 우포늪 보전에 동참하게 되었다. 이와 같이 지역 주민, 기업, 시민 단체, 정부 기구 등이 서로 협력해 일을 해 나가는 협치 체제를 '거버넌스'라고 한다.

새만금을 둘러싼 두 입장 새만금 간척의 경제적 가치를 주장하며 개발을 강행하는 입장과 환경적 가치를 우위에 두는 입장이 상충하고 있다. 위는 간척 현장(2006년), 아래는 '솟대 시위'를 벌이는 시민들이다.

현재 전 세계적으로 습지가 빠르게 줄어들고 있다. 인간의 지나친 자연 개발 탓이다. 습지는 한번 메워지면 그 생태계를 되돌리기가 거의 불가능하다. 우리는 앞으로 습지를 보전해야 하느냐, 아니면 개발해야 하느냐

하는 사회적 쟁점에 끊임없이 부딪칠 테고, 그때마다 지혜로운 거버넌스가 필요해질 것이다.

경남 창녕의 우포늪 1998년에 람사르 조약 보존 습지로 지정되어 국제적인 습지가 되었다. 서식하는 수생식물로는 가시연꽃·생이가래·자라풀 등 168종이 있다.

둘째 마당

기후와 문화

여름은 열대, 겨울은 한대

우리나라의 대륙성 기후

우리나라 여름은 전국적으로 평균 기온이 25°C 정도로, 열대 기후와 같다. 반면에 겨울은 한대 기후와 같은데, 특히 북부로 갈수록 매우 추워진다. 이렇게 여름 기온과 겨울 기온의 차이가 심하기 때문에, 우리나라에서는 해마다 여름과 겨울이 오기 전에 날 잡고 장롱을 정리하면서 옷과 이부자리를 바꿔 놓는 풍습이 있다.

이와 같이 해양보다 비열이 작은 대륙의 영향을 더 많이 받아서 연교차가 큰 기후를 '대륙성 기후'라고 한다. 우리나라는 계절풍의 영향도 받아서 더욱 연교차가 크고 지역에 따라 여름 강수량이 겨울보다 5~10배 더 많다.

대륙성 기후는 우리나라 집의 구조에 영향을 주었다. 우리나라에서는 열대 기후 지역에서 볼 수 있는 집의 구조와 한대 기후 지역에서 볼 수 있는 집의 구조를 모두 갖춘 2중 구조, 즉 여름을 시원하게 나기 좋은 대청과 겨울을 따뜻하게 나기 좋은 온돌[구들]이 발달했다.

대청은 우리나라 중부 이남에서 발달했다. 이것은 바닥 밑이 비어 있는 마루방이다. 한여름에 대청의 앞문과 뒷문을 위로 들어 올려 고정해 두면 앞뒤로 바람이 잘 통해서 아주 시원하다. 대청 뒤의 뜰에 대나무나 꽃나무를 심어 두면 집 안의 운치가 더해진다. 대청은 상례나 기제

사 등 집안의 주요 행사를 치를 때 쓰는 공간이기도 하고, 거실처럼 여러 사람들이 모이는 곳이기도 하다.

온돌은 우리나라 고유의 전통 난방 시설로, 중국 만주의 난방 시설인 '캉'과 기원이 비슷하다. 난로, 페치카 같은 외국의 난방 시설은 실내의 위쪽을 따뜻하게 해서 대류 현상이 제대로 이루어지지 않아 효과가 떨어진다. 하지만 온돌은 실내의 아래쪽을 따뜻하게 하므로 따뜻해진 공기가 실내에 골고루 퍼진다.

겨울에 추위를 이기는 데 유용한 온돌은 불을 지피지 않으면 냉돌이 되어서 여름에는 더위를 이기는 데도 유용하다. 고대에는 고구려 북부에 발달했고, 조선 시대에 와서 우리나라 전국에 전파되었다. 전통 한옥에서 서구식 아파트로 주거 환경이 바뀌고 있지만, 실내 난방은 여전히 온돌식 구조를 유지하고 있다. 이렇게 난방 효과가 뛰어난 온돌은 질병을 예방해 주는 효과도 있다.

1999년 4월 영국의 엘리자베스 2세 여왕이 일흔세 번째 생일에 맞

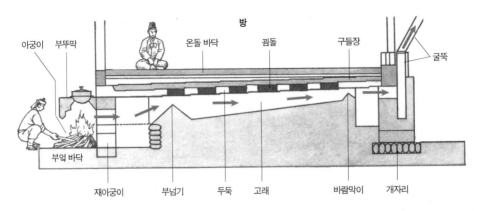

방

아궁이　부뚜막　　　　　　　　　　온돌 바닥　　　괼돌　　　　　구들장　　　　　　굴뚝

부엌 바닥

재아궁이　　　　부넘기　　두둑　　고래　　　　바람막이　　개자리

춰 안동 하회마을을 방문했을 때, 신발을 벗고 온돌방에 들어간 사실이 세계적으로 화제가 되었다. 실내에서 신발을 벗고 있는 것이 우리나라에서는 당연한 일이지만, 외국에서는 특이한 일이기 때문이다. 여러 해 전 우리나라에서 세계 지리학 대회가 열렸을 때 서양의 지리학자들 가운데는 말로만 듣던 온돌을 직접 체험해 보고 돌아간 사람도 있다. 현재 세계적으로 우리나라 온돌 구조를 실내 난방에 적용하려는 사례가 늘고 있다.

그러나 우리나라에서 겨울 기온이 가장 높은 제주도에서는 추위 걱정을 안 해도 되기 때문에 난방의 필요성이 작았다. 그래서 방의 일부에만 온돌을 드려 놓고 추울 때만 온돌방 옆의 아궁이〔굴목〕에 잠깐씩 불을 때는 정도였다. 부엌에 있는 아궁이는 난방용이 아니어서 안방 쪽을 향할 필요도, 굴뚝이 있을 필요도 없었다. 제주도의 부엌은 날씨가 궂을 때 작업하기 좋도록 널찍하고, 솥과 벽 사이에 재를 모을 공간인 '솥뒤광'이 있는 점이 특징이다.

이와 달리 우리나라에서 가장 추운 관북 지방에서는 가장 폐쇄적인 田자 모양의 겹집이 발달했다. 이러한 관북형 집의 특색은 부엌과 방들 사이에 정주간이 있다는 것이다. 정주간은 부엌의 부뚜막을 벽 없이 방바닥과 이은 공간인데, 실내에 연기가 들더라도 따뜻하기만 하면 된다는 목적에서 비롯된 시설이다. 정주간은 부엌에 붙어 있어서 가장 따뜻한 곳이고 식당, 거실, 침실 등여러 목적으로 쓰였다. 관북형 집에서는 부엌이 집 안 이동의 출입구가 되었다. 부엌을 통해 정주간, 방앗간, 외양간을 드나들었다.

우리나라 집의 구조에서 처마를 빼놓을수 없다. 처마의 기울기와 길이는 계절에 따라 햇볕이나 바람을 이용하기에 알맞다. 한여름에는 70° 각도로 강하게 내리쬐는 햇볕을 막아 마루까지 그늘을 만들어 주고, 또한겨울에는 35° 각도로 비추는 햇볕이 들어오기 쉽게 하면서 막상 따뜻해진 공기는 나가지 못하게 한다. 그리고 긴 처마는 댓돌에떨어지는 비를 막아 주기 때문에 기둥뿌리도 보호한다.

대륙성 기후는 우리나라 집의 재료에도영향을 미쳤다. 예부터 우리는 건축 재료로흙을 많이 썼다. 흙으로 만든 벽은 열과 습기를 조절해서 실내 온도와 습도를 알맞게맞추어 준다. 일종의 바이오세라믹스라고나할까? 바깥 공기가 아무리 뜨겁거나 차가워도 열과 냉을 잘 전도하지 않으며, 습도가

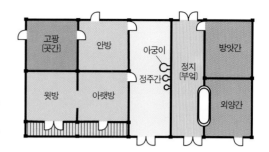

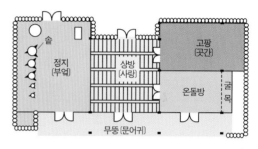

관북 지방(위)과 제주도(아래)의 집 구조

함경북도의 정주간(위)과 제주도의 정지(아래)

높을 때는 습기를 흡수하고 습도가 낮을 때는 습기를 내놓는다. 기와집이나 초가집의 지붕과 천장 사이에 흙을 두껍게 발라 두면 단열과 습도 조절이 잘된다. 흙과 같은 자연 재료로 집을 지으면 콘크리트 건물에서 생기는 '새집 증후군'도 피할 수 있다.

우리나라는 서양에 비해서 음식을 따뜻하게 하여 먹는 난식 문화가 발달했는데, 이것도 대륙성 기후의 영향을 받은 것이다. 예부터 뜨거운 국·찌개·탕을 즐겨 먹었고, 국물을 떠먹기 편한 숟가락을 많이 썼으며, 음식의 온기를 유지하려고 식기마다 뚜껑을 덮거나 뚝배기 같은 오지 그릇을 많이 썼다. 게다가 겨울에는 말할 것도 없고 무더위가 기승인 여름에도 이열치열 삼아 삼계탕 같은 뜨거운 음식을 챙겨 먹었다. 우리 말에 '찬밥 신세', '식은 보리죽 신세'가 있는데, 이는 찬 음식이 따뜻한 음식보다 가치가 떨어진다는 음식 문화에서 비롯된 말이다.

지구상에서 우리와 기후가 비슷한 지역은 위도가 같은 대륙의 동안이다. 일본, 중국의 황해 연안, 미국 동부의 뉴욕 일대 등이 여기에 속한다. 비슷하다고는 하나 이 지역들의 기후 역시 우리와는 많이 다르다. 그리 넓지 않은 우리나라 안에서도 북부와 남부의 기후 차이가 이렇게 크니 그렇지 않을까?

우리 선조들은 오랫동안 다양한 기후 환경 속에서 적응하는 지혜를 쌓아 왔다. 산업 사회가 되면서 더 좋다는 재료, 건축술, 연료를 이용해 기후의 불리한 요소들을 편리하게 극복하고 있지만, 여전히 선조들의 지혜에서 배워야 할 점이 많다.

삼다도의 오래된 목욕탕

제주도의 기후와 풍속

옛날에 우리나라에는 대중 목욕탕이 따로 없었다. 개천에서 멱을 감든 가, 집에 마련한 목욕간에서 씻든가, 부엌에서 함지박에 물을 받아 목욕을 했다. 하지만 번거롭게 물을 길어 와야 했고, 날씨마저 추워지면 자주 목욕하기가 어려웠다. "과부 3년이면 구슬이 서 말이고, 홀아비 3년이면 이가 서 말"이라는 옛말에서도 알 수 있듯이 예전에는 요즘처럼 자주 목욕하지 않았다.

그런데 제주도 해안에는 예부터 대중 목욕탕 같은 시설이 있었다. 제주도는 연평균 기온도 높고 연평균 강수량이 많아서 땀이나 빗물에 몸이 젖을 때가 많았다. 그럴 때는 해안의 현무암 지대에서 솟아나는 시원한 샘물로 목욕을 했다. 이러한 샘이 바로 '용천'이다.

제주도는 고온 다우해서 지표수가 풍부할 것 같지만 그렇지 않다. 다공질의 현무암이 많은 화산섬이기 때문이다. 비가 많이 와도 빗물이 곧바로 현무암의 구멍들을 타고 땅 속으로 스며들기 때문에 땅 위를 흐르는 냇물이나 강물이 발달할 수 없다.

그렇지만 땅 속으로 스며든 빗물은 해발 고도 높은 곳에서 지하 수백 미터 아래를 흐르다가 해안에 다다르면 샘물로 솟아난다. 이러한 지대를 용천대라고 한다. 제주도에서는 해발 고도가 200m 이상인 곳에서는 쓸 만한 물을 구하기가 어려웠다. 그래서 물을 쉽게 얻을 수 있는 해안의 용천대를 중심으로 마을이 형성되었다.

제주도에서는 용천대 말고도 물을 얻을 수 있는 방법이 또 있었다. 갈대 묶음(갈짚)을 나무에 매달아 그 밑에 항아리를 놓고 빗물을 걸러 받는 것이다. 이처럼 지표수가 부족해 일상 생활의 물도 빗물을 모아 쓸 형편이니 벼농사는 더더욱 짓기 어렵다. 제주도의 농업은 용천대를 중심으로 이루어지지만, 논은 1% 정도에 지나지 않는다.

이런 까닭에 제주도에서는 오랫동안 고구마 농사 같은 밭농사를 많이 지었다. 지금은 따뜻한 겨울 기후를 이용해 겨울에 감자를 거두어들이는 곳도 많다. 껍질에 검은 흙이 묻어 있는 감자는 제주도에서 수확한

제주도 마을 용수를 얻기 쉬운 해안에 마을이 형성되어 있다. 사진에서 보이는 바다 속 돌담 구조물은 마을 목욕탕이다.

용천 빗물 우물 수도 마을

▲ 한라산

것이기 쉽다. 이 검은 흙은 현무암 풍화토이다.

　그렇다면 논농사를 짓기 어려워 볏짚이 거의 없었던 제주도에서 지붕은 무엇으로 올렸을까? '새'라는 여러해살이풀을 마을에서 공동으로 길러 그것의 짚으로 지붕을 만들었다.

　제주도는 우리나라에서 바람이 가장 세게 부는 지역이다. 이는 바다에서 바람이 거침없이 불어오기 때문이다. 그래서 바람의 피해를 막는 방법도 다양하게 발달했다. 지붕은 날아가지 않도록 용마루를 만들지 않고 동아줄로 튼튼하게 묶어 둔다. 그리고 밭 주변에는 나무들을 심어 방풍림을 만드는데, 그렇게 하면 바람이 방풍림을 타고 더 높이 올라가서 지표면의 농작물을 덮치지 못한다. 밭을 따라 현무암으로 돌담을 쌓아서 바람의 피해를 막기도 한다.

　바람은 농사와 관련한 제주도만의 문화를 만들기도 했다. 건조한 밭에 바람이 불면 흙과 씨앗이 날아가므로, 씨앗을 뿌리면 밭을 잘 밟아 주어야 했다. 이때 여러 마리의 소와 말을 이용했는데, 사람들은 구성진

노래로 마소를 재촉하며 밭을 골고루 밟아 주었다. 여기서 제주도만의
농요가 생겨났다.

'통시[뒷간] 문화'도 이러한 기후·토양 조건과 관계가 있다. 제주도
의 전통적인 통시는 사람이 배변하는 곳에 돼지 우리가 딸려 있었다. 사
람의 배설물은 짚이 깔려 있는 돼지 우리로 곧장 들어가서, 돼지 우리에
는 돼지의 배설물뿐 아니라 사람의 배설물도 쌓인다. 돼지가 우리 안을
돌아다니며 바닥을 밟아 주면 짚과 배설물이 섞이면서 잘 썩게 된다. 이
것은 농작물에 좋은 거름이 되며, 씨앗과 흙이 바람에 날아가는 것을 막
아 준다.

제주도에서는 개를 키우지 않는 집은 있어도 돼지를 키우지 않는 집
은 없었다. 돼지를 키운 이유는 고기를 얻기 위해서이기도 하지만, 무엇
보다도 거름을 얻기 위해서였다. 한 인류학자는 제주도의 통시 문화가
생태계의 건강한 순환을 돕는다고 예찬했다. 사람과 돼지가 농작물을

제주도의 방풍림

먹고 배설한 것이 잘 썩어 거름이
되고, 농작물이 이 거름을 먹고 자
라 다시 사람과 돼지의 먹이가 되기
때문이다.

일찍이 제주도는 바람이 많고,
돌이 많고, 여자가 많다고 하여 '삼
다도'로 불렸다. 바람과 돌이 많은
자연 환경은 농업의 큰 장애 요인
이다. 농업이 삶의 중심을 이루고
있었던 옛날, 인구 부양력이 가장
큰 벼를 재배할 수 없었던 자연 환
경에서 제주도 사람들은 어떻게 살
아갔을까? 밭농사를 지었다고는
하지만 땅에서 나는 작물로는 충분

새밭(위)과 새를 엮어 지붕을
인 초가와 통시(아래)

히 먹고살 수 없었을 테니, 제주도 사람들은 자연히 바다로 눈을 돌렸
을 것이다.

제주도 남자들은 조선 시대에 가혹한 진상을 못 견뎌 육지로 많이 빠
져 나갔으며, 광복 이후에는 4·3 항쟁으로 수만 명이 학살당했다. 그들
이 비운 섬에 남겨진 여자들은 생계를 위해 바다로 나가야 했다. 이것이
제주도에 해녀가 많은 이유이다. 제주도에서는 해녀를 '잠수'라고 불렀
는데, 이들은 일본의 바다까지 나아가 물질을 했다.

아는 만큼 보고, 보는 만큼 안다

삶을 풍요롭게 하는 지리 정보

"아는 만큼 본다."는 말이 있다. 이것은 지리에도 딱 들어맞는 얘기다. 여행을 떠나기 전에 목적지의 지리적 배경을 많이 조사할수록 그 지역의 자연과 역사, 문화와 생활을 더 폭넓게 이해하고 풍부한 체험을 할 수 있다. 한 지역에 대해 사전 조사를 한 다음 실제 여행을 통해 얻은 깊은 이해는 편견에서 벗어나 좀 더 자유로운 삶을 사는 데 지혜를 준다.

> 답사를 올바로 가치 있게 하자면 그 땅의 성격, 즉 자연 지리를 알아야 하고 그 땅의 역사, 즉 역사 지리를 알아야 하고 그 땅에 살고 있는 사람들의 삶의 내용, 즉 인문 지리를 알아야 한다. 이런 바탕에서 이루어지는 답사는 곧 '문화 지리'라는 성격을 갖는다. (유홍준, 『나의 문화유산답사기 1』, 창비, 1993)

뉴스를 접하거나 신문을 읽을 때도 지리 지식이 있으면 보도 내용의 핵심에 쉽게 다가갈 수 있다. 예를 들어 몇 년 동안 줄곧 뉴스에 등장하고 있는 '이라크'라는 나라가 어디에 있는지 전혀 모른다면, 왜 미국이 이라크에 군대를 파견하는지, 그 지역의 많은 사람들이 왜 미국에 적대적인지 하는 문제들을 제대로 파악하기가 어렵다.

우선 이라크가 신기 조산대 주변에 있기 때문에 석유 매장량이 매우 많다는 사실은 그 지역을 둘러싸고 벌어지는 사건들을 이해하는 데 필요 조건이 된다. 한편 중국 서부에서 이라크가 위치한 서남아시아를 지나 북아프리카에 이르기까지 건조 기후 지역이 넓게 분포한다. 이처럼 같은 기후대에 위치한 나라들은 산업, 음식, 가족 제도, 종교 등에서 동질적인 문화권을 형성하는데, 그 문화는 이슬람교를 바탕으로 형성되었다. 반면에 미국이라는 곳은 부시 대통령을 비롯해 많은 국민들이 보수적인 기독교를 믿고 있다. 이런 지리 지식이 선행되어야, 이라크를 둘러싼 세계 문제의 본질을 꿰뚫을 수 있다.

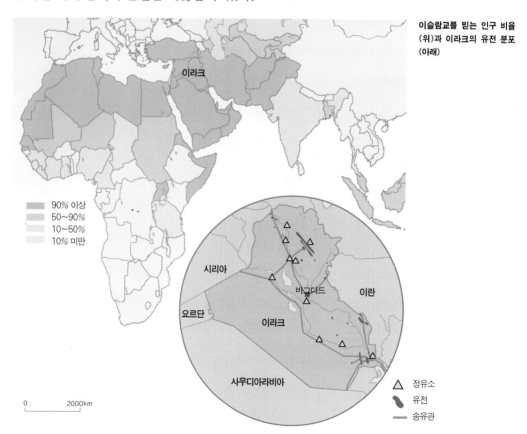

이슬람교를 믿는 인구 비율 (위)과 이라크의 유전 분포 (아래)

여행을 계획하는 사람들 중에는 지리 교사와 동행하기를 바라는 이도 있다. 지리 교사가 그 지역에 대한 정보를 알차게 전달해 주리라 기대하기 때문이다. 실제로 지리 교사들은 세계 각 지역에 대해 많은 정보와 지식을 습득하고 있다. 한 번도 가 보지 않았어도 웬만한 규모의 지역은 기후, 지형, 민족, 종교, 산업, 언어, 간단한 역사, 다른 지역과의 관계 등에 대해 알고 있다. 그래서 여행에 동행할 때 지리 교사는 지역 주민들의 정서와 경험, 문화를 통찰하는 데 도움을 많이 줄 수 있다. 다음은 세계 각 지역을 두루 다녀 본 여행가와 세계 여행을 많이 다녀 보지 못한 지리 교사가 나누는 대화이다.

지리 교사 : 이번에 지중해 연안 지역에 다녀오셨다면서요? 참 좋았 겠어요.

여행가 : 네, 아주 즐거운 경험이었어요. 그 일대에서 올리브나무밭 과 오렌지 과수원을 많이 봤습니다. 마당에 오렌지나무를 심은 집들도 많더군요.

지리 교사 : 성경에도 올리브나무가 나오죠? '감람나무'라고…….

여행가 : 그렇군요. 지중해 연안 지역에서는 올리브나무 열매로 음식 을 많이 한대요. 과육에서 짠 기름도 요리할 때 많이 쓰고요. 에스파냐 에서 보았던 끝없는 올리브나무밭이 아직도 눈앞에 선합니다.

지리 교사 : 올리브나무는 지중해성 기후 지대에서 잘 자란답니다. 포도나무, 오렌지나무, 아몬드도 잘 자라요. 포도주병 마개로 쓰이는 코르크는 지중해가 원산지인 코르크참나무에서 많이 얻습니다.

여행가 : 그런데 지중해성 기후는 어떤 기후인가요?

지리 교사 : 음…… 좀 특이한 기후예요. 지구에서 차지하는 면적은

에스파냐의 올리브나무밭

모로코의 겨울철 시장 풍경
아프리카 대륙 북서쪽 끝에 위치한 모로코는 지중해에 면해 있는 북부 지방이 지중해성 기후를 띠어서 겨울에 그다지 춥지 않다.

좁지만. 여름에는 우리나라처럼 기온이 높은데 강수량이 없다시피 하죠. 우리나라가 고온 다우하다면 지중해성 기후는 고온 건조한 거예요. 그런데 겨울에는 우리나라 봄가을 날씨처럼 온화하고 비도 적당히 내려요. 그래서 겨울 동안 밀이 잘 자라 봄에 수확을 할 수 있지요. 겨울에 여행했을 때 추웠나요?

여행가 : 그렇게 춥진 않았어요. 그래서 이런 계절에 농작물이 잘 자란다는 거군요?

지리 교사 : 맞아요. 고온 건조한 여름에는 농작물이 잘 자라지 못하죠. 올리브나무 같은 식물은 이러한 기후에 잘 적응한 셈입니다. 물을 흡수하기 위해 뿌리가 깊으며, 나무껍질이 두꺼울 뿐 아니라 잎이 작고 단단해서 건조한 기후에 잘 견디거든요.

여행가 : 그런데 세계의 기후가 다른 이유는 뭘까요?

지리 교사 : 음, 간단하게 설명하기 어려운데요…… 적도 부근은 뜨겁잖아요? 그럼 그곳의 더운 공기는 가벼우니까 위로 올라가겠죠? 상층부로 갈수록 기온이 떨어지니, 더운 공기는 수증기가 되고 수증기는 물방울이 되어 소나기로 내립니다. 열대 지방에 내리는 그러한 소나기를 '스콜'이라고 하죠.

여행가 : 네, 알아요. 저도 직접 맞아 봤는걸요.

지리 교사 : 위로 올라간 공기는 일정한 높이에서 북극과 남극 쪽으로 가다가 중위도에서 내려옵니다. 공기가 위에서 아래로 내려오면 어떻게 될까요? 적도 부근과 반대로 기온이 오르고 건조해집니다.

여행가 : 아, 그렇군요.

지리 교사 : 푄 현상 아시죠?

여행가 : 네. 우리나라 영서 지방과 서울에서 늦은 봄이나 초여름에 매우 더워지는 것이 푄 현상과 관련이 있다고 들었어요.

지리 교사 : 그래요. 푄은 원래 알프스 산맥을 넘어 불어 내려가면서 고온 건조해지는 바람을 가리켰습니다. 그런데 지금은 이런 종류의 바람을 통틀어 이르는 말이 되었어요. 우리나라에서는 '높새바람'이라고 부르죠. 이러한 푄 현상은 공기가 위에서 아래로 내려올 때 기온이 오르고 건조해지니까 생기는 거예요. 봄에 알프스 산맥 남쪽에서 불어오던 바람은 산맥을 넘어 북쪽으로 내려오면서 기온이 10℃나 올라갑니다. 그래서 그 일대의 눈이 녹아 라인 강 주변에 홍수가 나요. 그런데 어떤 지역에서 1년 내내 공기가 하강한다면 어떻게 되겠어요?

여행가 : 비는 내리지 않고 기온은 높으니…… 아, 건조한 기후가 되겠군요!

지리 교사 : 네, 사막과 초원이 형성됩니다. 사하라 사막이 있는 북아

항공 촬영한 알프스 산맥

프리카가 그런 경우예요.

　여행가 : 그게 지중해와 어떤 관계가 있나요?

　지리 교사 : 여름에 태양이 북쪽으로 이동하면 적도 부근에서 상승하는 기류도 북쪽으로 이동합니다. 그러면 하강하면서 고온 건조해지는 기류가 지중해 연안까지 이동해요. 여름에 평균 기온이 가장 높은 달에는 우리나라의 8월처럼 25℃나 됩니다.

　여행가 : 가장 더울 때는 낮 기온이 30℃가 넘지 않나요?

　지리 교사 : 물론 그래요. 그런데 우리나라는 여름 강수량이 수백 밀리미터에 이르지만 지중해 연안은 수십 밀리미터밖에 안 됩니다. 그래서 여름에 나무나 풀이 마치 우리나라 가을처럼 갈색으로 변합니다. 여기서 자랄 수 있는 나무는 앞서 말했듯이 뿌리 깊고 나무껍질 두껍고 잎 작은 코르크참나무나 올리브나무 등이에요. 그 대신에 겨울은 따뜻하고 비가 제법 많이 내려서 녹음이 짙은 계절이 됩니다. 가을에 씨앗 뿌리고 봄에 수확하니 '추수'가 아니라 '춘수'라고 해야겠죠.

　여행가 : 겨울에 따뜻하고 오히려 비가 많이 내린다는 게 이상하네요.

　지리 교사 : 겨울에는 태양이 남회귀선 쪽으로 가면서, 영국과 북유럽으로 부는 편서풍이 남쪽 지중해 연안까지 이동하게 됩니

코르크참나무 참나무과에 속하는 늘푸른 키큰나무로, 지중해가 원산지다. 사진에서 보이는 나무껍질의 갈색 부분은 포도주병마개를 만들려고 코르크층을 벗겨 낸 자국이다.

다. 바다에서 불어오는 이 바람은 따뜻하고 습기가 많아서 지중해 연안의 겨울 기후가 온화하고 습윤해지는 거예요. 안개가 자주 끼고 한 해에 180일이나 비가 내리고…… 조금씩이긴 하지만요. 런던은 72일 동안 계속 비가 내린 적이 있답니다. 영국 신사들이 우산을 들고 다니는 이유를 알겠죠?

여행가 : 아하! 그래서 사람들이 햇빛만 비치면 일광욕을 하는 거군요. 유럽 사람들이 여름이면 지중해 바닷가로 여행을 떠나 도시가 텅 비는 것도 일리가 있네요. 프랑스가 헌법상 휴가를 한 달로 정한 것도 국민의 건강과 관계가 있겠군요. 휴가 기간에는 파리의 개들이 굶어 죽는다는 말이 왜 생겼는지 짐작이 가요.

지리 교사 : 재미있는 사실이 있습니다. 사하라 사막부터 그 북쪽의 에스파냐, 영국 쪽으로 사막 기후, 지중해성 기후, 서안 해양성 기후가

니스의 해변 지중해 연안인 프랑스 남부에 위치한 도시로, 유럽의 피한·피서·일광욕 인파가 몰려드는 유명 휴양지다.

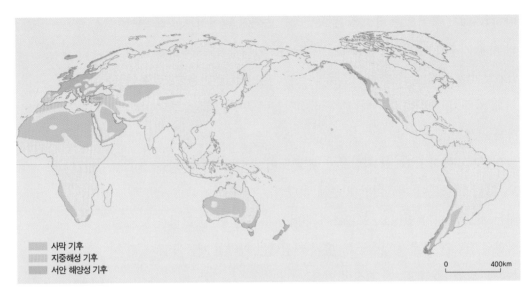

사막 기후
지중해성 기후
서안 해양성 기후

0   400km

사막 기후, 지중해성 기후, 서
안 해양성 기후의 분포

차례로 나타나는데, 이런 현상은 다른 곳에서도 볼 수 있습니다.

여행가 : 북아메리카 말이죠?

지리 교사 : 네, 맞습니다. 잘 아시는군요. 캘리포니아는 지중해성 기후 지대이지만, 저위도인 멕시코 쪽에서는 건조 기후가 나타나고 고위도인 캐나다 쪽에서는 서안 해양성 기후가 나타나요.

여행가 : 그렇군요. 캘리포니아에서 오렌지나무와 포도나무가 잘 자라는 것은 지중해성 기후여서 햇볕을 흠뻑 쬐기 때문이네요. 그런데 캘리포니아는 더운 여름에 비가 내리지 않는데도 쌀을 많이 생산하던데, 왜죠?

지리 교사 : 그건 엄청난 규모로 관개를 하기 때문이에요. 미국 서부의 로키 산지에는 눈이 쌓여 있는데, 이 눈 녹은 물을 콜로라도 강에서 끌어 와 관개를 합니다. 여름에 기온이 높으니까 관개만 하면 벼는 잘 자랄 수 있죠. 남반구의 칠레도 캘리포니아처럼 저위도에서 고위도로 감에 따라 사막 기후, 지중해성 기후, 서안 해양성 기후가 나타나는 곳입니다. 칠레에서도 눈 녹은 물로 대규모 관개 농업을 해요. 대표적인

농산물이 포도입니다. 그 눈의 원천은 바로 안데스 산지랍니다. 요즘 우리나라 사람들이 즐겨 먹는 칠레산 포도나 포도주는 따지고 보면 안데스 산지 꼭대기의 눈에서 비롯된 거예요. 중앙아시아나 중국 서부의 건조 기후 지역도 높은 산의 눈 녹은 물로 관개를 한답니다. 그래서 산에 눈이 많이 쌓이면 풍년이 든다고들 해요. '관개' 하니 떠오르는 얘기인데, 지중해 남쪽 연안, 즉 서남아시아에서는 예부터 관개 기술이 발달했답니다. 과거에 유럽의 지중해 연안 사람들은 서남아시아 사람들에게서 관개 기술을 배웠다고 해요. 오늘날 리비아에서 몇 해째 국가적 숙원 사업으로 벌이고 있는 대수로 공사는 사하라 사막의 지하수층을 대규모로 개발하는 겁니다. 사하라 사막의 땅 속에는 옛날 이곳이 습윤한 지대였을 때 형성된 지하수층이 엄청난 규모로 남아 있기 때문이죠. 그 공사를 우리나라 기업에서 도맡아 우리 기술과 인력으로 완성했습니다. 놀랍죠?

항공 촬영한 안데스 산맥 칠레는 이곳의 눈이 녹은 물로 관개하여 대규모 농업을 이루어 냈다.

칠레의 포도나무밭 안데스 산지의 눈 녹은 물로 관개하여 포도나무를 키운다.

여행가 : 와, 그렇군요. 선생님과 세계 이 지역, 저 지역에 대해 꼬리에 꼬리를 물면서 이야기하다 보니 시간 가는 줄 모르겠어요. 흥미진진합니다. 언젠가 기회가 생긴다면 꼭 한번 같이 여행해 보고 싶어요.

지리 교사 : 네 좋습니다. 어때요, 지리를 알면 직접 가 보지 않고도 세계 곳곳을 어느 정도 이해할 수 있을 것 같지 않나요?

지리 지식과 정보는 한 지역을 제대로 살펴보려고 할 때 아주 유용하다. 여행하려는 곳의 자연과 역사, 문화를 미리 알아 두는 과정을 '실내 조사'라고 하는데, 인터넷이 발달한 요즘에는 세계 이곳저곳의 새로운 정보들을 다양한 경로로 얻을 수 있으니 옛날보다 실내 조사가 편해졌다.

사람마다 시각이나 사고방식이 다르고 여행의 목적도 다를 것이다. 하지만 누구나 여행지를 얼마만큼 알아 둔 상태로 여행하는 것이 좋다. 세상은 아는 만큼 보이고, 또 본 만큼 알게 되기 마련이니까.

개고기와 샤넬 No.5
자연 환경과 음식 문화

1988년 서울 올림픽 대회가 열리기 전이었다. 우리나라 사람들이 개고기를 좋아한다는 사실이 유럽에 알려지면서 한바탕 소동이 일어났다. 일부 영국인들이 개고기를 먹는 야만의 나라에서 열리는 올림픽 대회에 참가할 수 없다며 시위를 했기 때문이다.

1994년 '한국 방문의 해' 행사를 앞두고는 서유럽의 동물 애호 단체들이 개고기를 먹지 말라는 압력을 가했다. 그리고 1950~60년대 세계적인 스타였던 프랑스 여배우 브리지트 바르도는 동물 애호를 외치며 지금도 우리나라의 개고기 문화를 비판하는 데 열을 올리고 있다. 이에 대해 문화방송〔MBC〕의 손석희는 바르도와 인터뷰를 하기도 했다.

손석희 : 인도에서는 소를 먹지 않는다고 해서 다른 나라 사람들이 소를 먹는 것에 대해 반대하지 않습니다. 이러한 문화적인 차이에 대해서 인정하실 생각이 없으십니까?

브리지트 바르도 : 물론 저는 그러한 문화적인 차이를 인정합니다. 그러나 소는 먹기 위한 동물이지만, 개는 그렇지 않습니다. 한국을 비롯한 아시아의 몇 나라를 제외한 세계의 어느 나라에서도 개를 먹지 않습니다. 문화적인 나라라면 어떠한 나라에서도 개를 먹지 않습니다.

손석희 : 소를 먹기 위해 키우는 나라가 있듯이 개를 먹기 위해 키우는 나라도 있을 수 있습니다. 개를 먹기 위해 키우는 나라가 소수라고 해서 배척을 받는다면, 문화 차이를 인정하지 못하는 것 아닙니까?

브리지트 바르도 : 나는 개를 먹는 사람을 결코 존중할 수 없습니다. 아무리 차이점을 인정한다고 해도 거기에 한계가 있습니다.

(MBC 라디오 「손석희의 시선집중」의 전화 인터뷰 일부, 2001년 12월 3일)

브리지트 바르도 동물 보호 운동가로 활동중인 왕년의 프랑스 여배우 바르도가 2004년 파리 근교의 어느 개 사육장을 방문해 지지자들과 만나고 있는 모습이다.

바르도뿐 아니라 서양인들 대부분이 개고기 먹는 것을 상당히 끔찍한 일로 여기고 있다. 우리나라에서도 최근 들어 식생활이 서구화되고, 애완견을 흔히 키우면서 개고기를 꺼리는 사람들이 꽤 많아졌다.

그런데 개고기는 우리의 전통 음식이다. 예부터 '구장' 또는 '개장국'이라는 탕을 끓여 여름철 보양식으로 즐겨 먹었고, 『동의보감』에는 개고기가 위장을 튼튼하게 하고 기력을 키운다고 적혀 있다. 북한에서는 귀한 손님에게 단고기('개고기'의 북한어)를 대접하는 풍습이 이어져 오고, 중국 연변의 우리 동포 사회에서도 이러한 풍습이 남아 있다.

개고기 문화를 바라보는 시각이 이렇게 다른 이유는 무엇일까?

그 이유를 알려면 우리나라와 서양의 자연 환경 차이, 그리고 자연 환경

에 따른 음식 문화의 차이를 살펴보아야
한다. 한편 식량 작물의 인구 부양력 차
이도 이해해야 한다. 식량 작물의 인구
부양력은 쌀이 가장 크고 쌀보리, 보리,
밀, 귀리 등의 순으로 작아진다.

인구 부양력이 클수록 재배 조건은 까
다로운데, 우리나라에서는 벼농사부터
짓고 벼농사가 어려워질 때 보리나 밀을
재배해 왔다.

우리나라는 중위도 대륙의 동안에 위
치해 있다. 그래서 온대 기후와 냉대 기
후의 특징을 보이며, 남동 계절풍의 영향
으로 여름철이 고온 다습해서 벼농사를
짓기에 알맞다. 북서부 유럽은 대체로 서
안 해양성 기후를 띤다.

서안 해양성 기후 지대에서는 햇볕이
내리쬐는 기간이 짧고 날씨가 서늘하며
강수량도 많지 않다. 그래서 벼농사를 지
을 수가 없다. 이와 같은 자연 환경에 따

북한의 단고기 문화 평양 낙
랑구역 통일거리에 위치한
'평양단고기집'은 70여 가지
의 부위별 단고기 요리를 개
발해 전통 요리를 세계화하고
있다.

라 북서부 유럽에서는 쌀보다 인구 부양력은 떨어지지만, 적은 강수량
과 낮은 기온에도 잘 자라는 밀을 주식으로 재배하게 되었다.

북서부 유럽에서는 고대와 중세에 비료 공급이 어려워지자 토지를
둘이나 셋으로 나누어 밀 재배와 가축 사육 등을 번갈아 가며 하는 농
목업을 개발했다. 가축의 배설물이 비료가 되어 지력이 살아났기 때문

북서부 유럽의 농목업

- 비농업지
- 농경지
- 목초지
- 삼림
- 밀
- 감자, 귀리, 보리
- ● 사탕무
- ● 소
- ● 양
- ● 돼지
- ● 포도

노르웨이

스웨덴

북 해

덴마크

아일랜드

영국

네덜란드

독일

벨기에

프랑스

체코

비스케이 만

0   180   360km

이탈리아

런던 교외의 밀밭

98

이다. 특히 북해 연안에서 목축업이 발달했다. 이곳은 여름철이 쌀쌀하여 식량 작물이 잘 자라지 못하는 반면에 겨울철이 온화하여 사료 작물이 잘 자랐기 때문이다. 이렇게 자연 환경에 적응한 유럽 사람들이 고기를 주로 먹으면서, 고깃덩이를 썰어 집어 먹기 위해 나이프와 포크를 쓰는 음식 문화를 형성하게 되었다.

유럽에서 고기용 가축으로 많이 키우게 된 동물은 양이다. 조금 먹고 빨리 자라는데다 번식력이 좋았기 때문이다. 이 양들을 초원으로 몰고 가 풀을 먹이고 지키는 것이 바로 개였다. 개는 사람과 의사소통이 잘 되는 동물로, 특히 잘 훈련된 개는 목축에서 아주 중요한 역할을 했다.

양을 돌보는 목양견 중에서 대표적인 것이 보더콜리다. 보더콜리는 체력, 판단력, 학습력이 뛰어나고 아주 민첩한데다 주인을 향한 충성이 강하다. "눈으로 최면을 걸면서 양을 몰고 다닌다."는 말을 들을 만큼 양치기 능력이 탁월하다. 영화 「브로크백 마운틴」(2005)을 보면 양치기들이 한눈팔거나 잠을 자는 동안에도 보더콜리가 양 떼를 잘 지키는 장면이 나온다. 아크바쉬도 목양견으로 유명하다. 이 개는 다리가 길고 재빠르며 시력이 예리하다. 또 몸이 근육질이어서 풍채도 좋으며, 특히 모성애가 강해서 새끼 양을 어미처럼 핥아 주고 맹수의 습격을 목숨 걸고 막는 등 헌신적으로 양을 돌본다.

이렇게 개는 유럽에서 양들을 안전하게 키우는 데 절실한 존재였다. 그리고 양과 같은 고기용 가축들을 많이 키웠던 유럽에서 개고기는 구태여 먹을 필요가 없었다. 반면에 우리나라에서는 몸에 필요한 영양분을 곡물만으로 얻을 수 없어서 고기는 영양을 보완해 주는 먹을거리라는 인식이 자리 잡았다. 게다가 가축에게 먹일 사료를 재배할 수 있을 만큼 토지가 넉넉하지도 못했다. 그래서 사람이 먹고 남은 음식으로도

키울 수 있는 개를 잡아 영양식을 만들어 먹었던 것이다. 이와 같이 우리나라와 서양은 자연 환경과 그에 따른 음식 문화가 크게 달라서 개에 대한 시각도 많이 다른 것이다.

고기를 먹고 사는 서양의 음식 문화 때문에 생겨난 것이 향료와 향수다. 음식에서 나는 고기의 누린

보더콜리가 양 떼를 모는 모습
보더콜리는 영국 스코틀랜드가 원산지다. 8~11세기에 바이킹들이 '콜리'를 개량해 훌륭한 목양견으로 만들었다. (영화 「브로크백 마운틴」의 한 장면)

내를 없애려고 향료를 넣고 몸에도 밴 누린내를 없애려고 향수를 뿌리게 되었다. 그리고 향료는 살균 작용도 해서 육류를 오래 저장하는 데도 쓰였다. 인도네시아를 식민지로 지배했던 네덜란드에서 제일 먼저 수탈해 간 것이 향료였다는 사실은 서양인의 육식 문화에서 향료가 얼마나 중요했는지 단적으로 보여 준다. 그 당시에 쓰던 향료 가운데 후추는 그 값이 같은 무게의 은과 맞먹었다.

세계 각지에서는 저마다 다른 자연 환경에 적응하면서 그 지역 고유의 음식 문화를 형성해 왔다. 한쪽에서 혐오하는 음식을 다른 한쪽에서는 거리낌 없이 으레 먹는 현상은 아주 흔하다. 요즘처럼 세계인의 교류가 활발한 지구촌 사회에서는 상대방의 음식 문화가 형성된 배경을 알고 기꺼이 수용할 수 있는 너른 마음가짐이 필요하다.

비키니 입는 크리스마스

세계의 기후

지금은 정보 통신의 발달로 세계 각 지역의 지리적 특성을 쉽게 알 수 있다. 그러나 20년 전만 해도 상황은 달랐다. 1987년 우리나라의 한 농기구 제조 회사가 라틴아메리카 지역에 처음 농기구를 수출하게 되었다. 이 회사는 납품 기일에 맞춰 농기구를 배에 실었고, 파나마 항구의 오퍼상에게서 상품이 제대로 도착했다는 연락도 받았다.

하지만 3개월쯤 지난 뒤 이 회사는 주문자에게서 손해 배상 청구서를 받았다. 주문했던 농기구를 제때 공급하지 않아 손해를 입었다는 것이다. 농기구 회사는 서둘러 상품의 이동 경로를 추적했고, 자기들이 수출한 상품이 파나마 항구에 방치되어 있음을 확인할 수 있었다.

파나마 지역은 우기와 건기로 나누어지는 사바나 기후가 나타나는 곳이다. 6개월 정도 지속되는 우기에는 비가 많이 온다. 이때 도로 포장이 제대로 되어 있지 않은 이 지역에서는 도로 사정이 최악이 된다. 공교롭게도 농기구 회사의 수출품이 파나마 항구에 도착한 때 우기가 시작되었던 것이다. 이런 사정으로 오퍼상이 농기구를 주문자에게 제대로 전달할 수 없었다. 만약 농기구 회사의 수출 담당자가 지리 지식이 풍부해서 파나마 지역의 기후 특성을 알고 있었다면 이런 일은 벌어지지 않았을 것이다.

북극해

태평양

베르호얀스크

러시아

중국

베르호얀스크의 위치

흔히 고위도는 춥고 저위도는 덥다고 말한다. 그렇다면 인간이 살아가고 있는 곳 중에서 가장 추운 곳은 북극해 연안 지방이고, 가장 더운 곳은 적도 지방이라고 할 수 있을까? 그렇지는 않다. 겨울에 가장 추운 곳[한극]은 북극보다 24° 정도 남쪽에 있는 시베리아의 베르호얀스크이며, 가장 더운 곳[서극]은 적도보다 25° 정도 북쪽에 있는 사하라 사막의 내륙이다.

한극과 서극이 이와 같이 나타나는 이유는 무엇일까? 기후란 단순히 위도에 따라 결정되는 것이 아니라 바다와의 거리, 지형 같은 여러 요인들에 좌우되기 때문이다. 각 지역마다 기후에 영향을 주는 인자가 다르므로 각 지역의 특징도 다르게 나타난다. 지역별 기후 특성은 다시 그 지역의 식생과 토양, 의식주와 생업에 영향을 끼친다.

지역 간의 기후 차이는 우리가 사물을 인식하는 데에도 영향을 준다. 우리나라 같은 북반구 지역의 사람들은 '크리스마스' 하면 눈 쌓이고 화려한 조명의 크리스마스트리들이 즐비한 거리가 사람들로 북적이는 모습을 떠올리기 쉽다. 그러나 오스트레일리아 같은 남반구 지역의 사람들은 해변에 수영복을 입고 산타 모자를 쓴 사람들이 흥겹게 노는 모습을 떠올리기 쉽다. 그리고 우리나라 아이들은 '하늘 향해 두 팔 벌린 나무들같이 무럭무럭' 자라라는 말을 쉽게 알아듣지만, 이탈리아처럼 지중해성 기후가 나타나는 지역의 아이들은 그 말에 의아해할 것이다. 그 지역의 나무들은 대체로 키가 작고 옆으로 퍼져 있기 때문이다.

세계의 기후 분포는 일정한 유형을 띠며, 이것은 과학적으로 이해할

수 있다. 비슷한 기후 특성이 나타나
는 곳끼리 묶으면 몇 가지 기후 지역
으로 분류된다. 세계 각지의 기후를
구분할 때는 일반적으로 독일의 기
상학자 쾨펜이 1918년에 발표한 기
후 구분법을 쓴다. 쾨펜은 식생의 분
포를 주요한 기준으로 삼았다. 식생
분포를 좌우하는 것은 주로 기온과
강수량이다.

쾨펜은 세계 기후를 위도에 따라 나누었는데, 적도에서 극 지방까지
차례대로 열대[A], 건조[B], 온대[C], 냉대[D], 한대[E] 기후가 분포
한다고 보았다. 그리고 저위도 고산 지대의 기후는 열대가 아니면서 연
중 온화하다고 하여 고산 기후[H]로 분류했다.

그런데 같은 열대라도 숲이 우거진 곳이 있는가 하면 초원이 펼쳐진
곳이 있다. 이것은 기온이 같더라도 강수량에 따라 식생이 달라지기 때
문이다. 열대 기후 중에서 연중 비가 많이 내리는 기후를 '열대 우림 기
후'라고 하며 기호로는 Af라고 한다. f는 연중 습윤하다는 뜻이다. 적도
지방은 스콜 때문에 연중 습윤하므로 열대 우림이 발달하지만, 적도의
북쪽과 남쪽에는 여름이 우기, 겨울이 건기여서 숲 대신 초원이 발달한
다. 건조한 계절이 있어서 나무가 자라지 못하는 것이다. 이처럼 초원
이 발달한 열대 기후를 '사바나[열대 초원] 기후'라고 하며 Aw로 표시
한다. w는 겨울에 건조하다는 뜻이다. 이러한 사바나는 야생 동물의 천
국인데, 탄자니아에 위치한 세렝게티 초원이 대표적이다. 세렝게티 초
원은 국립 공원으로 보호받고 있으며, 전 세계 야생동물학자나 생태사

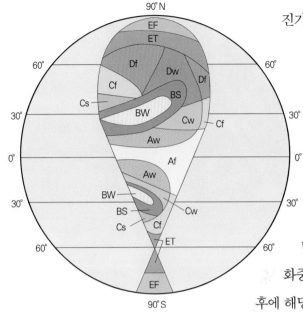

쾨펜의 기후 구분법을 가상 대륙에 표현한 그림

진가들이 많이 찾아간다.

온화한 온대 기후 중에서도 여름에 건조한 기후[Cs, 지중해성 기후], 겨울에 건조한 기후[Cw], 연중 습윤한 기후[Cf]가 있다. 연중 습윤한 기후는 최난월 기온 22℃를 기준으로 또 나뉘는데, 그 이상이면 온난 습윤 기후[Cfa], 그 이하이면 서안 해양성 기후[Cfb]라고 한다. 우리나라 남부 지방을 비롯해 중국의 화중 지방과 화남[화난] 지방이 온난 습윤 기후에 해당한다. 그리고 고위도 대륙의 서안 지역이 서안 해양성 기후에 해당한다. 이곳의 여름은 우리나라 봄가을 날씨와 비슷하다.

대체로 연 강수량이 500mm 이하이면 건조 기후로 분류하는데, 그중에서도 연 강수량이 250mm 이하이면 사막 기후[BW], 그 이상이면 스텝 기후[BS]라고 한다. 그리고 최난월 평균 기온이 10℃ 미만이면 한대 기후로 분류한다. 그중에서 최난월 평균 기온이 0℃ 이상이면 툰드라 기후[ET], 0℃ 미만이면 빙설 기후[EF]라고 한다.

그런데 대륙 동안의 기후와 서안의 기후는 다르다. 대륙 동안의 기후는 적도에서 북반구로 감에 따라 Af-Aw-Cw-Cfa-Dw[냉대 겨울 건조 기후]-E의 순으로 나타나고, 대륙 서안의 기후는 Af-Aw-B-Cs-Cfb-Df[냉대 습윤 기후]-E의 순으로 나타난다. 이것은 바람이나 해류, 기단 같은 기후 요인[기후 요소] 때문이다. 대륙의 서안은 편서풍, 동안은 계절풍[몬순]의 영향을 많이 받는다. 그리고 서안에는 난류가 흐른다. 대

열대 기후의 식생 연중 비가 많이 내리는 브라질 아마존 강 유역에서는 우림지대가 발달하고(위), 건기가 있어서 나무가 자라기 어려운 탄자니아 세렝케티 지역에서는 초원이 발달한다(아래).

륙의 서안은 난류의 영향을 받아 습윤해진 편서풍이 불어오므로 고위도에서도 따뜻한 기후가 나타난다. 대륙의 동안은 겨울에 시베리아에서 계절풍을 통해 차고 건조한 기단이 이동해 오므로 한랭 건조하며, 여름에는 북태평양에서 뜨겁고 축축한 기단이 이동해 오므로 고온 다습하게 된다.

이러한 기후 구분에서 나타나는 식생 분포는 적도에서 고위도로 이동함에 따라 열대 우림-사바나-온대 혼합림-타이가[침엽수림]-툰드라[이끼류·지의류]-빙설의 순으로 나타난다. 토양도 기후대와 식생대를 따라 라테라이트-적색토-갈색토-회색토[포드졸]-툰드라토의 순으로 분포한다.

우리나라는 중위도 대륙의 동안에 위치하므로 기후를 기호로 표시하면 Cfa 또는 Dw이다. 그리고 우리나라가 속해 있는 동아시아의 기후는 계절풍의 영향을 많이 받기 때문에 온대 몬순 기후로 따로 분류되기도 하는데, 기호로는 Cm이라고 표시하고 온대 혼합림과 갈색 삼림토가 분포한다.

적도에서 고위도로 가면서 나타나는 기후대는 순서가 남반구나 북반구나 비슷하다. 다만 남반구에서는 냉대 기후가 나타나지 않는다. 냉대 기후가 나타나야 할 곳이 바다이기 때문에 바다의 영향을 받아 온대 기후가 나타나게 된다.

지역마다 달리 나타나는 기후나 식생 때문에 각 지역 고유의 문화가 생겨났다. 기술 문명이 발달하지 않았던 옛날에는 1차 산업을 위주로 한 생업의 방식에 따라 문화가 형성되었기 때문이다. 그 당시의 생업이란 자연 환경에 크게 좌우되는 것이었다.

노르웨이, 스웨덴, 핀란드 등지에서 라프족이 오랜 세월 순록을 유

건조 기후 지대 몽골에서는 스텝 기후가 나타나고(위), 북아프리카 사하라에서는 사막 기후가 나타난다(아래).

툰드라 기후 지대의 순록(위)
과 빙설 기후 지대의 펭귄(아
래)

목해 온 것이나, 아프리카 사하라 사막 주변에서 베르베르족이 기나긴 유목 생활을 해 온 것은 모두 그 지역 기후의 영향을 받은 것이다. 그리고 옛 소련이나 캐나다, 미국 같은 나라가 세계적인 임업 국가가 될 수 있었던 것도 타이가 지대가 광활하게 펼쳐진 냉대 기후 지역이기 때문이다.

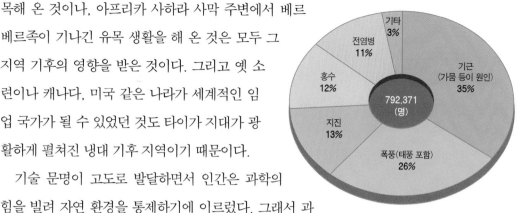

전 세계 자연 재해 사망자의
재해별 비율(1990~1999년)

기술 문명이 고도로 발달하면서 인간은 과학의 힘을 빌려 자연 환경을 통제하기에 이르렀다. 그래서 과거에 비해 자연 환경의 제약에서 많이 벗어나 있기는 하지만, 여전히 자연 환경의 영향에서 완전히 자유롭지 못하다. 지금도 태풍, 허리케인, 사이클론 같은 열대성 저기압이 발생하면 피해가 극심하다. 그리고 이상 기후를 가져오는 엘니뇨 때문에 아메리카 남부 태평양 연안에는 홍수가 나고 인도네시아나 말레이시아 같은 강수량 많은 지역에서는 느닷없는 가뭄으로 산불 피해가 크게 나기도 한다. 이처럼 자연 환경은 오늘날에도 인간 생활에 지대한 영향을 미치고 있다.

셋째 마당

지리와 역사

우리나라에만 있는 지도

선조들의 세계관과 지도 제작 전통

미국에서 전집으로 출간된 『세계의 고지도』 표지에는 우리 선조들이 제작한 「혼일강리역대국도지도」가 실려 있다. 1402년에 만들어진 이 지도는 오늘날까지 전해 오는 동양의 지도 중에서 가장 오래된 세계 지도이다.

「혼일강리역대국도지도」의 원본은 현재 일본의 류코쿠대학 도서관에 소장되어 있으며, 우리나라에는 모사본만 남아 있다. 「혼일강리역대국도지도」는 조선이 넓은 세계에 대해 열린 시야를 지니고 있었음을 보여 주는 예이다. 이 지도의 윗부분에는 역대 국도의 연혁이 적혀 있고, 아래에는 권근이 쓴 발문이 다음과 같이 적혀 있다.

천하는 지극히 넓다. 내중국에서 외서해에 이르기까지 몇천만 리인지 알 수 없다. 줄여서 이것을 수 척의 폭으로 된 지도를 만들면 상세하게 하기는 어렵다. 그러므로 지도로 만들면 모두 조금씩 생략하게 된다. 오직 오문 이택민의 「성교광피도」는 매우 상세하고 역대 제왕의 국도 연혁은 천태승 청준의 「혼일강리도」에 비재되어 있다. 건문 4년 여름에 좌정승 상락 김 공[김사형]과 우정승 단양 이 공[이무]이 변리의 여가에 이 지도를 참구하고, 검상 이회에 명해 상세한 교정을 더해 합쳐서 한 지도를 만들게 했다. 그 지도의 요수 동쪽과 본국의 강역은 택민의 도에도 많이 궐략되어 있다. 지금 특히 우리나라 지도를 증광하고 일본을 첨부해 신도를 작성했다. 정연하고 보기에 좋아 집을 나가지 않아도 천하를 알 수 있게 되었다. 지도를 보고 지역의 원근을 아는 것은 치의 일조가 된다. 이 공이 이 지도를 존중하는 까닭은 그 규모와 국량이 큼을 알기 때문이다. 근은 부재하나 참찬을 맡아 이 공의 뒤를 따랐는데 이 지도의 완성을 기쁘게 바라보게 되니 심히 다행스럽게 여긴다. 내가 평일에 방책을 강구해 보고자 했던 뜻을 맛보았고, 또한 후일 자택에 거처하며 외유하게 될 뜻을 이룰 수 있음을 기뻐한다. 따라서 이 지도의 밑에 써서 말한다. 시년 추팔월 양촌 권근 씀.

「혼일강리역대국도지도」는 중국에서 만든 「혼일강리도」, 아라비아 계통의 지리 지식을 토대로 아라비아에서 만든 「성교광피도」에 기초해 이회가 만든 「조선전도」, 박돈지가 일본에서 수입한 「일본지도」를 합성해서 만든 것이다. 채색은 아라비아의 영향을 받았으며, 동남아시아 지역이 대부분 생략되어 있는 데 비해 일본은 정확하게 표시되어 있다.

이런 고지도들을 보면 우리 선조들의 세계관, 지리적 활동 범위, 지리 심성 등을 짐작해 볼 수 있다. 「혼일강리역대국도지도」를 보면 알 수 있듯이, 제작 당시에 우리 선조들은 세계의 중심이 중국이라고 인식하고 있었다. 그리고 사우디아라비아는 물론 아프리카까지 지리적 인식을 넓히고 있었다. 지도의 왼쪽에 보이는 것이 아프리카이다. 인도는 중국의 서쪽에 위치했다고 보았다. 이 지도를 통해 이웃 국가와의 관계도 어느 정도 헤아릴 수 있다. 즉 선조들은 중국을 크고 가까운 나라로, 일본은 작고 먼 나라로 인식하고 있었다.

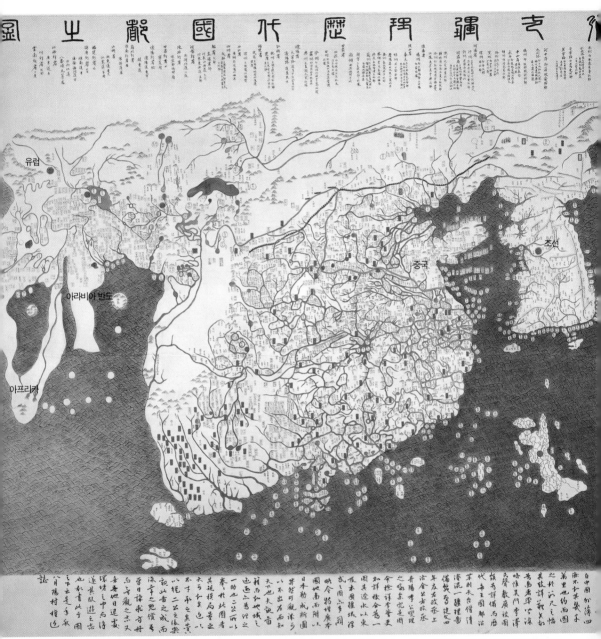

「혼일강리역대국도지도」 15세기 초에 만들어진 세계 지도 가운데 가장 뛰어나다고 세계가 인정하는 우리 고지도로, '한성'이 붉은 원 표시로 강조되어 있다.

유럽

아라비아 반도

아프리카

조선

중국

이 지도에서 우리나라 부분만 보면 그것이 '조선 전도'가 된다. 흥미로운 점은 「혼일강리역대국도지도」에 표현된 조선 전도와 「혼일역대국도강리지도」상의 조선 전도가 조금 다르다는 것이다.

두 지도를 비교해 보면, 15세기 초에 만들어진 「혼일강리역대국도지도」의 조선 부분에서는 '한성'이 붉은색으로 강조되어 있지만, 16세기 중엽에 만들어진 것으로 추정되는 「혼일역대국도강리지도」의 조선 부분에서는 한성을 향해 산줄기를 뻗은 '백두산'이 흰색으로 강조되어 있다. 「혼일강리역대국도지도」는 조선이 개국하고 수도를 옮긴 지

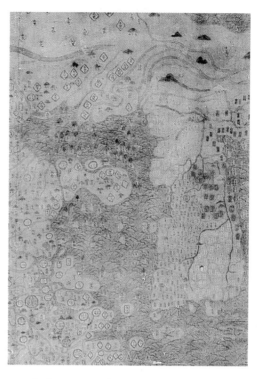

「혼일역대국도강리지도」의 조선 부분 백두산이 흰색 표시로 강조되어 있다.

얼마 되지 않았을 때 만들어져서 대내외적으로 조선의 수도를 확고히 하려는 뜻이 담겨 있는 것으로 보인다. 그리고 「혼일역대국도강리지도」는 신라의 삼국 통일 이후 700년 이상 빼앗긴 채로 있었던 백두산 일대를 15세기 초에 적극적인 북진 정책과 여진족 정벌을 통해 되찾은 이후, 백두산이 우리 민족의 상징임을 강조함으로써 국민을 통합하려는 뜻이 담겨 있다고 볼 수 있다.

우리나라 고유의 세계 지도로, 외국에도 널리 알려진 것이 있다. 바로 「천하도」이다. 현존하는 「천하도」는 조선 후기에 만들어진 지도책들의 앞쪽과 뒤쪽에 실려 있는 것들이다. 그 기원은 명확하지 않지만, 중국이나 일본에는 없다는 점으로 미루어 중국 고대 세계관의 영향을 받아 오래전에 만들어져서 후대로 이어진 것으로 보인다.

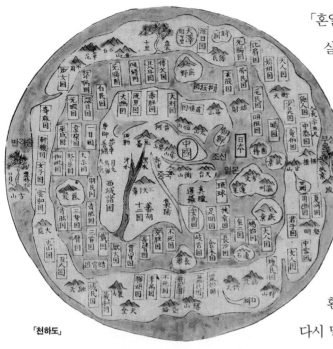

「천하도」

「혼일강리역대국도지도」가 지리적인 사실들을 충실히 담고 있는 데 비해서 「천하도」는 관념적인 내용을 많이 담고 있다. 목판본, 필사본 등 여러 종류와 이본이 전해지고 있지만, 내용이 대체로 비슷하다.

첫째, 세상의 모습이 원판이고 중심대륙과 환대륙, 내해와 외해, 중심대륙의 실제 나라들과 환대륙의 가상 나라들이 존재한다. 다시 말해 세상의 가운데에 중심대륙이 있고 그것을 내해가 둘러싸며, 내해 밖은 다시 환대륙이 둘러싸고 그 주위를 다시 외해가 감싸고 있다. 중심대륙에는 중국을 중심으로 조선 등 여러 주변 나라들이 있고, 환대륙에는 수십 또는 100여 개에 이르는 가상의 나라가 있다.

둘째, 중심대륙 한가운데에 중국이 있고 일본·인도·사우디아라비아 등이 잘 표시되어 있다. 이는 중국이 세상의 중심이라고 여겼고, 아시아를 인식하고 있었음을 보여 준다.

셋째, 지도에 '반격송', '부상' 같은 나무 이름들이 나온다. 이것은 신화·전설상의 나무들로, 선조들의 관념 세계가 품고 있었던 수목 신앙을 표현한 것이다.

넷째, 환대륙에 수많은 가상의 지명들을 표시함으로써 미지의 나라들에 호기심을 나타냈다.

프랑스의 한 지리 교과서는 이와 같은 특징들이 나타나 있는 「천하도」를 중세 동양의 대표적인 세계 지도로 인정해서 컬러로 실었다.

일제 강점기에는 「천하도」에 대한 그릇된 주장들이 나돌았다. 이 지도가 우리나라 고유의 산물이라는 사실을 부정하려는 의도가 깔린 것이었다. 그중에 대표적인 것이 1943년 일본인 나카무라가 내세운 의견이다. 나카무라는 「천하도」가 중국에서 17세기에 간행된 「사해화이총도」를 본뜬 것이라고 주장했다. 하지만 이러한 주장은 전혀 설득력을 얻지 못했으며, 현재는 「천하도」가 「혼일강리역대국도지도」에서 변형된 것이라는 주장이 더 설득력을 얻고 있다.

우리가 익히 알고 있는 고산자 김정호의 『대동여지도』는 우리나라 지도 제작의 전통을 집대성하여 조선 전도를 목판에 새기고 인쇄한 지도책이다. 그렇다면 우리나라에서 가장 오래된 세계 지도 목판본은 무엇일까? 그것은 조선 시대 후기의 실학자인 최한기가 1834년에 만든 「지구전후도」이다.

최한기의 「지구전후도」는 북반구와 남반구를 모두 표현한 세계 지도로, 경도와 위도를 비롯해 남·북회귀선, 황도, 24절기, 지대별 낮과 밤 시간의 차이 등을 망라하여 표시해 놓았다. 이 지도는 19세기 중후반에 우리나라 지식인들이 중국 중심의 세계관을 극복하는 데 중요한 발판이 되었다.

「천하도」가 「혼일강리역대국도지도」에서 비롯되었다는 주장의 근거

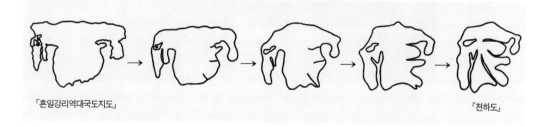

「혼일강리역대국도지도」   「천하도」

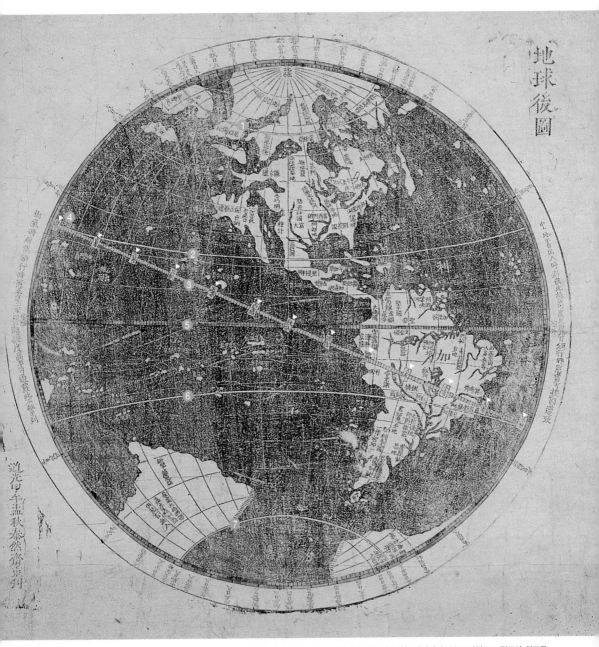

「지구전후도」 1은 북극선, 2는 북회귀선, 3은 황도, 4(▽)는 24절기, 5는 적도, 6은 남회귀선, 7은 남극선을 가리킨다. 10도 간격으로 경도와 위도를 표시했고, 적도를 중심으로 남·북극선과 남·북회귀선이 표시되어 있다. 적도와 사선으로 교차하면서 남·북회귀선을 가로지르는 황도 위에는 24절기가 새겨져 있으며, 각 반구의 테두리에는 지대별 낮과 밤 시간의 차이가 눈금과 수치로 표시되어 있다.

「지구전후도」는 본래 1800년경 중국인 장정부가 지구설을 표방하며 만든 세계 지도에 기초한 것이다. 중화 사상이 팽배했던 중국 사회에서는 장정부의 주장과 세계 지도를 외면했지만, 한창 세계 인식의 지평을 넓혀 가던 이규경, 최한기 등 조선 후기 실학자들은 적극적으로 이해하여 받아들였던 것이다. 최한기가 만든 「지구전후도」를 목판에 새긴 사람은 다름 아닌 김정호이다. 최한기와 김정호는 오랜 친구 사이였다.

우리나라 고지도는 제작 당시 선조들의 세계관과 국토관을 이해할 수 있는 좋은 매개체이다. 현재까지 전해지는 다양한 형태의 고지도들이 꽤 많으니, 도서관에 소장되어 있는 도록이나 고지도 관련 안내서를 통해 두루 살펴볼 필요가 있다. 선조들이 어떻게 자연 지리를 인식했는지, 역사적으로 우리 영토는 어떻게 변해 왔는지, 오늘날 외국과 벌이는 영토 분쟁에서 우리는 무엇을 근거로 영유권을 주장해야 하는지 등의 해답이 고지도에 들어 있기 때문이다.

김정호는 감옥에서 죽었을까

『대동여지도』와 김정호에 얽힌 이야기

일제 강점기에 일본은 우리나라의 뿌리라고 할 만한 것들은 모조리 없애려고 했다. 그러한 의도를 상징적으로 드러낸 작업이 조선총독부 건설이었다. 우리나라의 중심이라고 할 수 있는 경복궁에 식민 통치의 중추 기관인 조선총독부를 세운 것이다.

일제 침략 이전 경복궁에는 수많은 전각들이 있었으나 일제가 대부분 철거해 버렸다. 그 밖에 창경궁은 이름을 '창경원'으로 고쳐 동물원과 식물원으로 전락하게 했고, 경희궁을 철거한 뒤 그 자리에 황국 식민을 길러 내겠다는 야욕으로 '국민학교(지금의 초등학교)'를 지었다. 그 당시에 지방의 많은 관청들이 국민학교로 바뀌었다.

일제는 자기들의 배타적인 이익을 위해서라면 상식적으로 받아들이기 어려운 일들도 스스럼없이 자행했다. 대한제국을 식민지로 강탈하는 과정에서 타당한 법적 절차 없이 제멋대로 고종 황제의 옥새를 날인해 버렸다. 일제는 "한민족은 열등하므로 일본의 지배를 받아야 더 발전할 수 있다."는 논리로 우리나라 역사와 전통을 왜곡하고 맥을 가차 없이 끊어 버렸다. 그 과정에서 식민 통치에 불리할 만한 우리나라 유산들을 숱하게 날조하거나 없앴다. 예를 들어 일제는 김정호와 『대동여지도』에 얽힌 근거 없는 이야기를 교과서에 실음으로써 오랫동안 우리

민족에게 주입했다.

1993년에 교육부가 발행한 교과서 『국민학교 5학년 2학기 국어 읽기』의 「김정호」 단원은 다음과 같이 끝난다.

김정호는 억울한 죄명으로 죽임을 당하게 되었다. 그때 나라를 다스리던 완고한 사람들이 『대동여지도』를 보고, 이 지도는 나라의 사정을 남에게 알려 주기 위한 것이라고 오해를 했기 때문이다. 그러고는 김정호의 피땀이 어린 지도의 목판까지 몰수해 불사르고 말았으니, 정말 안타깝기 그지없는 일이다. 그 당시 우리나라는 외국과 거의 왕래를 하지 않았고, 새로운 문화를 받아들이기를 꺼리고 있었던 것이다.

김정호는 억울한 죽임을 당했다. 하지만 그가 남긴 업적은 오늘날까지 찬란하게 빛나며, 우리 가슴속에 살아 있다. 아울러 그의 굽힐 줄 모르는 의지와 신념은 우리에게 영원한 가르침으로 남아 있을 것이다.

그런데 우리나라 역사 기록 어디에도 김정호가 옥에 갇혔다거나 『대동여지도』 목판이 불태워졌거나 하는 이야기를 찾아볼 수 없다. 이렇게 일제가 강점기에 유포한 김정호 이야기는 광복 이후 꽤 최근까지도 우리나라 교과서에 실려 있었던 것이다. 일제가 퍼뜨린 이러한 이야기의 근거가 희박하다는 것을 드러내는 증거들은 많다.

먼저, 조선 시대 조정에서 김정호가 만든 『청구도』, 『대동여지도』, 『대동지지』 등을 몰수했다는 이야기는 근거가 희박하다. 『고종실록』, 『승정원일기』, 『추국안』 등 그 당시의 사료들을 꼼꼼히 살펴보아도 그런 내용의 기록이 전혀 없기 때문이다.

둘째, 조정에서 『대동여지도』 목판을 몰수해 불태웠다는 이야기도 근거가 희박하다. 현재 목판이 10여 매 이상 남아 있기 때문이다. 국립중앙박물관에서도 소장하고 있는데, 2006년에 '『대동여지도』 목판과 김정호'라는 특별 전시를 열어 그동안 공개하지 않았던 목판들 중 일부를 공개하기도 했다.

『대동여지도』의 목판과 각 첩
『대동여지도』는 1857년쯤에
제작한 조선 전도 『동여도』를
저본 삼아 목판에 새겨 인쇄
한 것이다. 이러한 목판본이
모두 22첩이다.

게다가 『대동여지도』 목판은 일본에도 소장되어 있다. 1931년 경성 제국대학에서 연 전시회의 물품 목록인 『고도서전관 목록』에는 '『대동여지도』 목판 두 매'라는 내용이 들어 있다. 여기에는 어느 일본인이 『대동여지도』 목판 수십 매를 몰래 갖고 있으면서 전시회 출품을 거절했다는 사실도 적혀 있다. 김정호의 재정적 후원자였던 최성환의 후손들은 실제로 『대동여지도』 목판들을 많이 갖고 있었으나 화재로 잃어버렸다고 증언하기도 했다. 이러한 사실들로 미루어 볼 때 『대동여지도』의 목판을 조정에서 몰수해 불태웠다고 보기 어렵다.

셋째, 조정에서 김정호를 나라에 위험한 인물로 보았다는 것 자체가 그다지 설득력이 없다. 일제가 퍼뜨린 말대로 김정호가 나라의 기밀을 누설할 위험이 있는 사람이었다면, 그와 가깝게 지냈던 사람들도 조정의 처벌을 받았어야 마땅하다. 하지만 김정호와 절친하여 그에게 많은 지도 자료를 주었던 최한기와 최성환도, 그리고 비변사에 있는 기밀 지도까지 주었던 신헌 장군도 아무런 처벌을 받지 않았다. 김정호와의 교류 때문에 그들이 조정의 추궁을 받았다는 기록이나 흔적이 전혀 없다. 게다가 신헌 장군은 오히려 흥선대원군 시절에 병조 판서와 공조 판서

라는 높은 벼슬에 오르기까지 했다. 그리고 자신이 김정호의 『대동여지
도』 제작에 협조한 사실을 문집에 밝혀 놓았다.

조선 시대 후기의 학자 유재건은 1862년에 지은 『이향견문록』에다
김정호 이야기를 써 놓았다. 이 책은 사대부가 아니어서 향리에 묻혀
있는 유능한 인재들을 발굴해 그들의 행적을 기록한 전기다. 김정호가
죽은 지 얼마 되지 않아 나온 책인데, 만약 김정호가 나라의 기밀을 누
설한 대역죄인이었다면 이 책에 실리지도 못했을 것이다.

이러한 사실로 미루어 볼 때 김정호가 감옥살이를 하고 『대동여지
도』 목판은 몰수당해 불태워졌다는 이야기는 터무니없다. 그런데 이 이
야기가 공식적으로 처음 실린 곳은 일제가 발행한 『조선어독본』이다.
이 책은 일제가 우리 민족의 정기를 말살하려는 취지로 1911년, 1922
년, 1938년 이렇게 3차에 걸쳐 조선 교육령을 내리고 일본어를 국어
로, 조선어를 제2외국어로 만들어 버리면서 펴낸 교재이다. 이 책의
「김정호 전」은 다음과 같이 끝을 맺었다.

그러나 흥선대원군은 다 아는 바와 같이 외국을 싫어하는 마음이 큰 어
른인지라, 이것을 보고 크게 노하여 "함부로 이런 것을 만들어서 나라의
비밀이 다른 나라에 누설되면 큰일이 아니냐?" 하고 그 목판을 압수하
는 동시에 곧 정호 부녀를 잡아 옥에 가두었으니, 부녀는 그후 얼마 아
니 가서 옥중의 고생을 견디지 못했는지 통한을 품은 채 사라지고 말았
다. 아, 비통한지고. 때를 만나지 못한 정호…….
그 신고와 공로의 큼에 반해 생전의 보수가 그같이도 참혹할 것인가?
비록 그러하나 옥이 어찌 영영 진흙에 묻혀 버리고 말 것이랴. 명치 37
년(1904)에 일로전쟁이 시작되자 『대동여지도』는 우리 군사(일본군)에

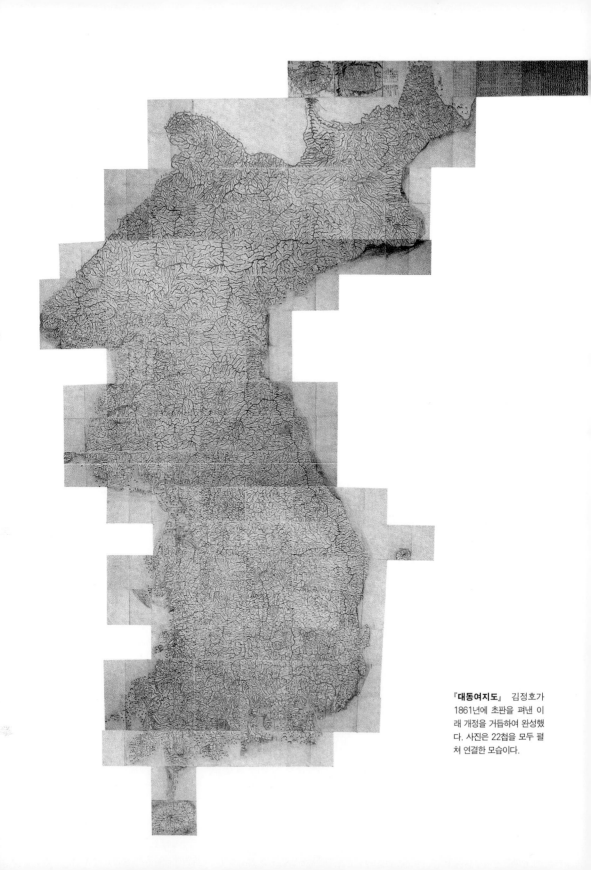

『**대동여지도**』 김정호가
1861년에 초판을 펴낸 이
래 개정을 거듭하여 완성했
다. 사진은 22첩을 모두 펼
쳐 연결한 모습이다.

게 지대한 공헌이 되었을 뿐 아니라 그후 총독부에서 토지 조사 사업에 착수할 때에도 둘도 없는 좋은 자료로, 그 상세하고도 정확함은 보는 사람으로 하여금 경탄하게 했다. 아, 정호의 고난은 비로소 이에 혁혁한 빛을 나타내었다 하리로다.

「김정호 전」에는 『대동여지도』 이전의 우리 지도들을 깎아내리는 내용도 있다. 즉 김정호가 지도 만드는 데 힘쓰게 된 계기에 대해서, 그동안 우리나라에서 만들어진 지도들이 형편없었기 때문이라고 설명해 놓았다. 더군다나 광복 후 대한민국 정부가 발행한 교과서도 마찬가지였다. 예컨대 『대동여지도』가 만들어지기 전의 고지도들을 가리켜, 『조선어독본』에서는 "이같이 틀림이 많아서야 해만 되지 이로움은 없는" 것으로, 그리고 우리나라 교과서에서는 "엉터리"인 것으로 표현해 놓았다.

『대동여지도』는 근대적인 측량 기술로 만들어진 지도들과 견주어도 뒤지지 않을 만큼 정확하고 실용성이 크다. 이 지도책의 구성을 설명하자면 다음과 같다.

김정호는 우리나라를 북쪽 백두산 일대부터 남쪽 한라산 일대까지 남북 120리씩 22층으로 나누었고, 층별로 동서 방향의 지도를 한 첩에 담았다. 그래서 22첩이 된다. 각 첩은 동서 80리를 기준으로 접고 펼칠 수 있게 했는데, 접으면 큰 공책 크기여서 들고 다니기 편하다. 22첩을 모두 펼쳐 연결하면 가로 약 3.3m, 세로 약 6.7m의 대형 조선 전도가 된다. 교실로 치면, 폭은 칠판 길이쯤 되고 높이는 교실 두 층쯤 되는 셈이다.

『대동여지도』에는 우리나라 전국의 산줄기와 물줄기들이 잘 표시되어 있고 1만 3000여 개에 이르는 지명들이 담겨 있다. 김정호가 정확

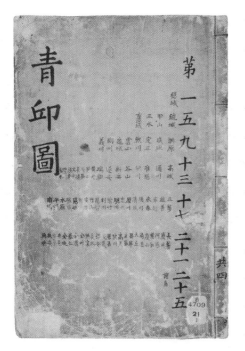

한 지리 지식의 보급에 끊임없이 힘써 온 선각자이긴 하지만, 혼자 이렇게 방대한 작업을 할 수 있었을까? 우리나라 전국을 일일이 답사하면서 실제로 측량하는 일을 한 개인이 모두 하기란 거의 불가능한 일이다. 김정호는 이전에 우리나라에서 만들어진 우수한 지도들을 참고했기에 『대동여지도』를 훌륭하게 완성할 수 있었던 것이다.

친우 김정호는 어려서부터 지도와 지리지에 깊은 관심을 가지고 오랜 세월 동안 지도와 지리지를 수집해, 이들 여러 지도의 도법을 서로 비교해서 『청구도』를 만들었다.

『청구도』 제작 당시(1834년)에 가장 정밀한 전국도였다. 김정호의 이 작업은 『동여도』 제작의 밑거름이 되었고, 이것이 바로 『대동여지도』 판각으로 이어졌다.

나는 우리나라 지도 제작에 뜻이 있어 비변사나 규장각에 소장되어 있는 지도나 고가에 좀먹다 남은 지도들을 널리 수집하고, 이를 서로 비교하고 또 지리서를 참고해 이들 지도를 합쳐서 하나의 지도를 만들고자 했으며, 이 일을 김정호에게 위촉해 완성시켰다.

앞의 글은 김정호가 만든 『청구도』 서문에 있는 내용으로, 최한기가 썼다. 그리고 뒤의 글은 신헌이 지은 「대동방여도(임금의 군사 지도)」 서문의 일부이다. 이와 비슷한 내용이 유재건의 『이향견문록』 중 「김정호 전」에도 나온다.

이와 같은 기록을 통해, 김정호가 『대동여지도』를 만들기까지 기존의 우리나라 지도들을 두루 참고하면서 지도 제작의 전통을 집대성했음을 짐작할 수 있다. 실제로 『대동여지도』보다 앞서 만들어진 우수한 고지도들이 400종 이상 현존하고 있다.

지금까지 살펴본 대로 김정호와 『대동여지도』에 얽힌 근거 없는 이야기들은 주로 일제 강점기에 교육을 통해 우리에게 전달되었으며, 얼마 전까지도 교과서에 그러한 내용이 남아 있었다. 하지만 일제의 잔재를 없애려는 노력이 계속되던 가운데, 이우형 등의 노력으로 1997학년도 초등학교 5학년 1학기 교과서에 수정된 내용이 실리게 되었다.

김정호의 생애, 그리고 김정호가 『대동여지도』를 만들기까지의 과정에 대해서는 정확하게 알기가 어렵다. 역사 기록은 불충분하고, 일제 강점기 전에 떠돌던 전설은 검증할 길이 없기 때문이다. 그렇더라도 일제가 왜 그와 같이 근거 없는 이야기들을 퍼뜨렸을까 하는 의문을 제기할 필요가 있다. 일제는 조선의 위정자들을 불신하게 하고 우리나라 유산을 부끄럽게 여기도록 함으로써 식민 통치를 정당화하려고 하지 않았을까?

조선 시대 한성의 풍경

우리나라 전통 공간의 구조

조선 시대 서울인 '한성'은 인구가 세계에서도 손꼽힐 만큼 대단했던 도시로, 둘레가 16km가 넘는 성의 안과 밖에 걸쳐 있었다. 지금도 세계적으로 큰 도시에 속하는 서울은 1394년에 수도로 정해진 이후 600년이라는 세월 동안 우리나라의 중심지로서 제 기능을 해 왔다.

2004년 서울시는 '정도(定都) 600년'이라고 하여 대대적인 행사를 벌였다. 지구상에 수도로서의 역사가 서울만큼 긴 도시는 별로 없다.

조선이 세워진 1392년, 도읍지는 아직 송악〔개성〕에 자리하고 있었다. 태조 이성계는 도읍지를 옮기고 싶어했다. 한성이 도읍지로 결정된 과정을 보면 유학자인 정도전 등의 의견이 적극적으로 수용되었다는 사실을 알 수 있다. 정도전은 새 도읍지가 갖추어야 할 가장 중요한 조건으로 나라의 중앙에 위치해야 한다는 것과 교통이 편리해야 한다는 것을 내세웠다.

한성은 우리나라 한가운데에 위치해 있어서 원활한 교통과 통신에 유리했다. 무엇보다도 한성은 한강을 이용하는 수상 교통 측면에서 이점이 많았다. 남쪽을 지나는 한강이 한성에 필요한 물자를 공급하는 우리나라 대동맥 구실을 할 수 있었기 때문이다. 그리고 북쪽에서 뻗어 나온 산이 동쪽과 서쪽으로 이어져 내려오므로, 국방에도 유리하고 겨울 찬바람도 막을 수 있었다.

한성 시가지는 계획에 따라 왕궁, 행정 지역, 상업 지역, 거주 지역 등의 큰 틀로 건설한 것이다. 한성에서 가장 중요한 공간은 경복궁에서 창경궁에 이르는 지역으로, 이곳에 왕궁, 행정 관청, 고급 양반들의 주거 지역이 자리했다.

행정 관청은 경복궁 남쪽에 있는, 지금의 광화문에서 광화문 사거리에 이르는 구역에 배치했다. 나랏일을 맡아 보던 이조, 호조, 예조, 병조, 형조, 공조 등 육조 관청이 있던 곳이라서 '육조 거리'라고 했다. 육조 거리는 지금의 세종로를 말한다.

태조 이성계 위화도회군으로 군권을 장악하고 마침내 고려 왕조를 무너뜨린 뒤 새 왕조를 세웠다. 1393년에 국호를 '조선'이라 정하고 이듬해에 서울을 한성으로 옮겼다.

광화문 사거리에서 동대문에 이르는 곳은 상업 지구로 계획되었다. 현재 종로에 해당하는 곳으로, 일제 강점기에 일본이 우리나라 상권을 장악하려 온갖 음모와 폭력을 일삼았는데도 굴하지 않고 지금까지 상업 지구로서의 전통을 이어 오고 있다.

거주 지역은 계급과 신분에 따라 북촌, 중촌, 남촌의 셋으로 구분되었다. 청계천을 경계로 북쪽의 북촌에는 주로 벼슬아치를 포함해서 신분이 높은 양반들이 모여 살았다.

한성에서 가장 중심이 되는 곳은 경복궁이고 다음이 창덕궁이었다. 이 두 궁궐을 연결하는 일대, 즉 지금의 율곡로와 사직로 부근은 산줄기의 남쪽 산자락인데, 집이 들어서기에 가장 좋은 곳이었다. 이곳은 배산임수 지형으로, 양지가 발라 겨울에도 따뜻하고 배수가 잘되며, 남쪽이 넓게 트인데다 남산이 내다보여서 전망이 좋았다. 물론 궁궐과 조선의 중앙 관청이었던 육조와도 가까웠다. 그래서 이 일대는 당대의 권

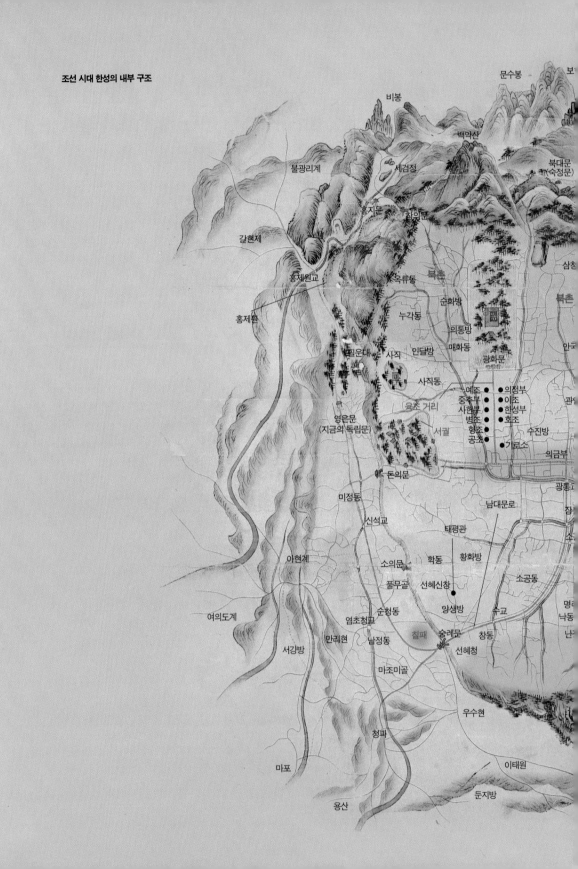

조선 시대 한성의 내부 구조

문수봉

비봉

백악산

북대문
(숙정문)

불광리계

세검정

삼

홍지문

창의문

북촌

갈현제

혹류동

북

순화방

홍제원교

누각동

의통방

북촌

홍제환

매화동

안

필운대

사직

인달방

광희문

사직동

예조 ● ● 의정부

영은문
(지금의 독립문)

육조 거리

중추부

● 이조

한성부

사헌부 ● ●

서궐

병조 ● ● 호조

관

형조 ● 수진방

공조 ● ● 기로소

돈의문

의금부

미정동

광통

신석교

남대문로

태평관

잠

아현계

소의문

학동

황화방

소공동

풍무골

선혜신창 ●

순청동

명

여의도계

염초청교

양생방

수교

낙동

만리현

남정동

질패

숭례문

창동

난

서강방

마조미골

선혜청

우수현

청파

이태원

마포

둔지방

용산

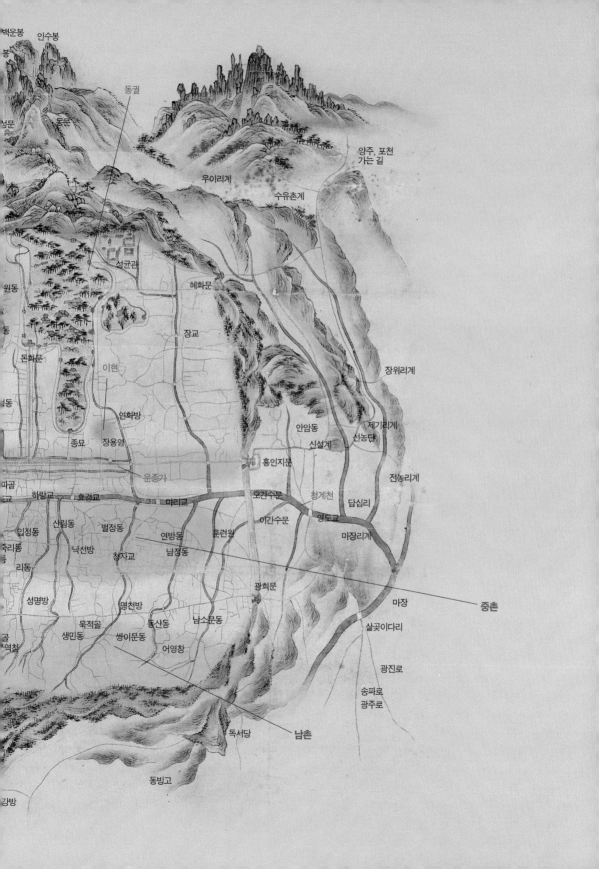

문세가들이 모여 정보를 교환하고 유대를 공고히 할 수 있는 곳으로 자리 잡았다.

북촌에서도 경복궁 서쪽의 옥인동, 사직동, 누상동 등은 '우대'라고 하여 양반 중에서도 세도가들이 모여 살았다. 광복 전까지만 해도 우대의 골목에서는 이런 광경을 흔히 볼 수 있었다.

"이리 오너라!"

손님이 일각대문 밖에서 소리치면 안에서는 이런 소리가 들려왔다.

"어디서 오셨냐고 여쭈어라."

"여주에서 왔다고 여쭈어라."

'남녀칠세부동석'이라며 남녀를 엄격하게 구별하던 시절, 양반 계급의 집에서는 이처럼 안주인과 손님이 서로 내외를 하면서 간접적으로 대화를 나누었다.

우대와는 대조적으로 한강변과 마포, 그리고 왕십리 같은 곳을 '아랫대'라고 했다. 이 부근에 살던 사람들의 발음이나 억양은 우대 사람들과 크게 달랐다.

한편 당대의 권문세가가 아닌 양반들이나 하급 공무원들은 남산 기슭인 '남촌'에서 살았다. 그곳은 음지이기는 하나 배수가 잘되고 지하수가 풍부했다. 지금의 중구 남산동에서 필동을 거쳐 묵정동에 이르는 길이다. 물론 남촌이라고 해서 가난한 선비들만 살았던 것은 아니다. 그러나 대다수 주민들은 고급 또는 하급 공무원이 되기를 기다리는, 실직중이거나 지위 낮은 양반들이었다.

황현이 쓴 『매천야록』에 의하면 19세기 말엽 북촌에는 노론만 살고, 소론과 북인과 남인은 고급 공무원일지라도 남촌에 섞여 살았다고 한다. 100여 년 동안 노론이 권력을 행사해 왔기 때문이다.

「동궐도」 창덕궁과 창경궁을 16폭의 절첩으로 그린 그림(동궐도)에서 창덕궁을 묘사한 부분이다. 궁의 실상과 위엄이 어떠했을지 알 수 있다.

조선 시대 후기의 실학자 박지원이 쓴 한문 소설 『허생전』에서 주인공 허생이 살았던 남촌 묵적골(지금의 묵정동)을 묘사한 부분을 통해 남촌의 풍경을 짐작할 수 있다.

허생은 묵적골에 살고 있었다. 줄곧 남산 밑에 닿으면 우물터 위에 해묵은 은행나무가 서 있고 사립문이 그 나무를 향해 열려 있으며 두어 칸 초가집이 비바람을 가리지 못한 채 서 있었다. 그러나 허생은 글 읽기만 좋아했고 그의 아내가 바느질품을 팔아서 겨우 입에 풀칠을 했다.

양반 계급 아래에 속했던 중인들은 서울뿐 아니라 지방에서도 대대로 관아 앞에 살았기 때문에 '아전'이라고도 불렸다. 통역사, 의사, 필기사, 화가, 인쇄·출판인, 회계사, 의전관 같은 중인들은 지금의 정부 종합청사와 세종문화회관 서쪽, 즉 종로구 당주동, 적선동, 내자동, 내수동, 사직동 등에 살았다. 중인들 중 군대 장교들은 왕십리에 살았다. 지금의 동대문운동장 야구장 일대에 있던 훈련도감, 훈련원과 가까웠기 때문이다.

성안의 큰 시장은 이현(또는 배고개, 지금의 종로 4가), 운종가(또는 종루, 지금의 종로 사거리)에 있었고 남대문 밖에서는 서쪽 봉래동의 칠패(지금의 칠패길)에 있었다.

종로는 건국 초기부터 시전이 있어서 상권의 중심을 이루었다. 종로와 을지로 1가에서 4가 사이는 상가, 시장, 환락가의 다운타운이 형성되어 상공업과 서비스업에 종사하는 서민들이 모여 살게 되었다.

종로 1가에서 종로 6가까지 큰길 양쪽으로는 집 한두 채 건너마다 좁다란 골목길이 나 있었다. 그 당시 이 길을 '말을 피하는 곳'이라는 뜻에서 '피맛골'이라고 불렀는데, 여기에는 사연이 있다.

신분이 낮은 사람들은 종로를 지나다가 가마를 탄 고관대작을 만나면, 걸음을 멈추고 그 행차가 다 지나갈 때까지 엎드려 있어야 했다. 사람들은 차츰 시간의 지체와 번거로움을 피하려고 넓은 종로 대신 이 좁은 골목길로 다니게 되었다.

이렇게 해서 서민들의 길이 된 이곳에는 그들을 상대로 하는 장국밥집, 목로술집, 내외술집, 모줏집, 색주가 등 대중적인 음식점들이 번창했다.

지체 높은 양반의 가마 행차 좌의정 행차에 신분이 낮은 사람들이 걸음을 멈춘 채 몸을 낮추고 있다. 아래 사진은 피맛골의 현재 모습이다.

내외술집은 몰락한 양반이 먹고 살 길이 없어 운영하던 술집으로, 양반 체통을 보이느라 내외를 깍듯이 해서 그런 이름이 붙었다.

내외술집에 들러 "이리 오너라." 하면 주인 여자는 방문 안에서 "손님께서 거기 있는 자리를 깔고 계시라고 여쭈어라." 한다. 손님이 자리를 깔고는 "술상 내보내시라고 여쭈어라." 하면 차린 술상을 방문 밖에 밀어 내놓는다. 이처럼 주인 여자는 손님 앞에 모습을 전혀 나타내지 않고 가상의 제3자를 가운데 두어 대화함으로써 내외법을 지키는, 지금의 눈으로 보면 꽤 희한한 양반 술집이었다.

여자가 술을 접대하는 색주가는 원각사 터(지금의 탑골공원) 뒤에서 종로 3가에 걸친 피맛골에 있었으니, 종로 3가 홍등가의 역사는 이러

색주가 기생이 접대하는 술집에서는 종종 손님들 간의 기 싸움이 벌어졌다.

한 색주가에 뿌리를 두고 있다.

북촌과 남촌 사이 청계천 주변에는 계층이 가장 낮은 주민들이 사는 중촌이 있었다. 이 지역에는 관권과 결탁한 큰 상인들도 살았지만, 수많은 서민들의 초라한 가옥이 밀집해 있었다. 이곳은 청계천이 흐르는

저지대라서 큰비가 내리면 물이 잘 빠지지 않았다. 자연히 주거 환경이 나쁠 수밖에 없었고, 그래서 사회적 신분이 낮은 사람들이 모여 살게 되었던 것이다.

실학자 박제가가 십대 소년이었을 때, 중촌의 원각사 터 부근에는 실학자 박지원, 이덕무, 유득공 등이 살고 있어 서로 가깝게 지냈다. 그들은 위로는 장관부터, 아래로는 활 쏘고 주먹질 잘하는 한량, 도박꾼, 상인, 하인, 농민, 어부, 백정과도 교분을 맺고 친하게 지냈다. 대개 서자 출신으로, 사회적으로 차별받고 매우 가난하게 살고 있다는 공통점을 지니고 있었다. 나중에 북학파, 특히 이용후생학파를 형성하게 된 데에는 이러한 사회적 배경도 영향을 주었다.

조선 시대 서민들이 대장간에서 일하는 모습

사회 밑바닥에서 가난하게 살던 상민들과 천민들은 성벽 바로 밑 또는 성 밖 변두리에 둥지를 틀었다. 그들은 흙벽의 초가집에 몇 가구 또는 몇십 가구씩 집단으로 거주했다. 성 밖으로 10리 정도 되는 구역은 한성부에 속해 있었으나 대부분 농촌이었고, 일부 지역에서는 채소 등을 키우는 근교 농업이 이루어졌다. 한편, 한강 연안의 교통 요지에는 주로 상업 기능을 하는 마을들이 크게 발달했다.

수백 척의 배가 떠 있던 마포

조선 시대에 발달한 내륙 수운

충청남도 강경은 조선 시대에 우리나라 3대 시장의 하나였다. 그 이유
는 지명에 나타나 있는 것처럼 금강을 끼고 있어서 교통이 발달했기 때
문이다. 1751년에 나온 이중환의 『택리지』에는 강경이 다음과 같이 묘
사되어 있다.

> 바닷가 사람과 산골 사람이 모두 여기에 물건을 내어 교역한다. 봄, 여
> 름 동안에는 생선을 잡고 해초를 뜯으므로 비린내가 마을에 넘치고, 큰
> 배와 작은 배가 밤낮으로 두 갈래 진 항구에 담처럼 벌려 있다. 한 달에
> 여섯 번씩 열리는 큰 장에는 멀고 가까운 곳의 화물이 모여 쌓인다.

금강의 강경은 바다와 떨어진 거리가 한강의 서울과 비슷하다. 금강
을 낀 지방의 항구가 이러하니, 지리적으로나 정치적으로나 우리나라
의 중심을 차지하고 있는 서울 일대 한강의 항구는 규모가 훨씬 더 컸
을 것이다. 프랑스혁명이 일어난 해인 1789년, 지금의 마포구에 있는
서강의 인구는 6000명이 넘었다. 이것은 경주 인구와 비슷했으며, 산
업혁명 이전 세계 각국의 도시들과 비교해도 그 규모가 결코 작지 않
다. 당시 용산과 마포가 있던 용산방 인구는 개성, 평양, 상주, 전주보

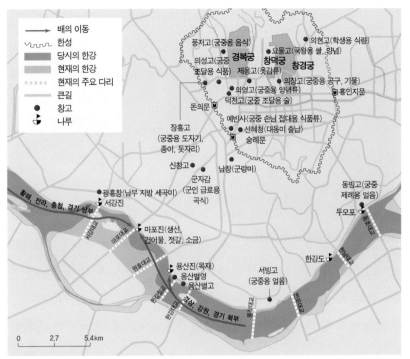

지도 범례

→ 배의 이동
〰 한성
▬ 당시의 한강
▬ 현재의 한강
┉ 현재의 주요 다리
▬ 큰길
● 창고
⚓ 나루

풍저고(궁중용 음식)
의현고(학생용 식량)
경복궁
요물고(국왕용 쌀, 양념)
의성고(궁중 용품)
창덕궁 창경궁
조달용 식품
제용고(옷감류)
의창고(궁중용 공구, 기물)
의영고(궁중용 양념류)
돈의문
덕천고(궁중 조달용 술)
흥인지문
예빈사(궁중 손님 접대용 식품류)
장흥고(궁중용 도자기, 종이, 돗자리)
선혜청(대동미 출납)
숭례문
신창고
군자감
남창(군량미)
광흥창(남부 지방 세곡미)
동빙고(궁중 제례용 얼음)
서강진
두모포
마포진(생선, 건어물, 젓갈, 소금)
한강도
용산진(목재)
서빙고(궁중용 얼음)
용산별영
용산별고

황해, 전라, 충청, 경기 남부

경상, 강원, 경기 북부

0   2.7   5.4km

다 적었으나, 1만 4000명 인구의 대구보다는 많았다.

조선 시대 한성에 주재했던 일본 영사관의 보고서에 따르면 용산, 서강, 마포의 세 항구에서 다룬 곡물만 해도 연 90만 석에 이르렀다고 한다. 이와 같은 상업 기능은 이전부터 발달해 있어서 많은 사람들을 끌어들이는 힘이 되었다. 현재 서울시에 속해 있는 마포[삼개나루]는 20세기 초만 해도 200척의 배들로 붐볐다. 마포, 송파 등 서울 일대의 항구들은 한강을 따라 들어온 각 지방의 물자가 모였다가 도매상과 보부상을 통해 다시 서울과 지방으로 분산되는 길목이었다.

용산과 서강에는 정부의 창고가 있어 주로 정부에서 쓰는 쌀이 들어왔다. 반면에 마포에는 소작미와 일반 상업용 곡물이 자유롭게 드나들어서 18세기 초 한강 유역 중에서도 처음으로 개인 상인인 객주가 자

강경의 현재 모습 항구 도시로 번성했던 시절의 나루터가 이제는 농경지로 변해 있다.

리 잡았던 것이다. 이곳으로 쌀을 비롯한 곡물, 소금과 젓갈 같은 갖가지 수산물, 그리고 목재와 땔감이 모여 들었다. 화강암으로 얼음 창고를 만들어, 겨울에 노량진 부근 한강의 얼음을 가져다 재운 뒤 여름에 내놓아 큰돈을 버는 사람도 생겨났다.

200년 전의 한 기록에 따르면, 서울 일대 마포, 용산, 서강의 주점가에는 술집이 모두 600~700개에 이르러 술 빚는 쌀만도 한 해에 수만 섬이나 되었다고 한다. 그중에는 술독이 1000개나 되는 집도 있었다고 한다.

마포에서 동쪽 상류께로 조금 올라가면, 산대놀이로 유명한 송파가 있다. 이곳은 현재 첨단 유통 시설과 고급 호텔, 하늘을 찌르는 고층 아파트들이 들어서 있으며, 1988년 서울 올림픽 대회가 열린 서울종합운동장도 있다. 송파 일대에는 1920년대까지만 하더라도 큰 시장이 들어서 있었다. 삼남 각지에서 봇짐을 메고 올라온 상인들이 며칠이고 머무르면서 갖고 온 물건들을 시전 상인이나 중간상들과 사고팔았다. 부근에 살던 주민들도 생활 필수품을 사러 올라왔기 때문에 저잣거리는 언제나 흥청거렸다. 지금은 한강의 물줄기가 석촌 호수로 갇혀 버렸지만, 그때만 해도 나루터에 상선 50척이 정박해 있을 정도로 송파는 큰 항구였다. 이곳은 서울과 경상도, 강원도, 충청도를 연결하는 육로상의 요지인 동시에 한강 상류와 하류 사이 수운의 길목이라는 이점 때문에 시장으로 발달할 수 있었다. 김주영의 소설 『객주』에 송파 시장이 잘 묘사되어 있다.

서울 일대뿐 아니라 한강 상류에까지 배들이 다녔다. 남한강 상류에
있는 충주는 충북선이 놓여 기차가 들어온 1930년대까지도 여전히 수
운이 중요한 역할을 담당했다. 당시의 한 기록은 다음과 같이 전한다.

영월부터 충주에 이르는 사이는 매년 3월부터 11월까지 운항하는 데
어려운 여울이 마흔아홉 군데나 있다. 하지만 충주로부터 한강 하류까
지는 결빙기나 장마철을 빼고는 매일 배들이 다닌다. 충주 탄금대로부
터 서울 용산까지 뱃길 거리는 315리로 여름철 물이 많을 때는 내려가
는 데 12시간 내지 15시간이 걸리고, 올라오는 데 5일 내지 2주일이 걸
린다. 파는 것이 사들이는 것보다 훨씬 많다. 파는 것은 담배, 곡물, 숯
등이고 사들이는 것은 소금, 명태, 잡화 등이다.

이와 같이 옛날에 우리나라는 물자를 운반하는 데 내륙의 수로와 해
안의 항로에 많이 의존했다.
우리나라의 전체 지형을 보면 동쪽이 높고 서쪽으로 갈수록 낮아진

다. 따라서 큰 강은 동쪽에서 서쪽으로 흐른다. 그런데 우리나라는 크고 작은 단층과 습곡 작용을 받은 뒤 오랫동안 침식되어 낮아진 산지, 그리고 좁은 하천들이 많다. 이렇게 평야가 적은 자연 환경에서 자연히 큰 강을 이용한 교통이 발달했다. 고개를 깎아 내고 터널을 뚫거나 다리를 놓을 수 있는 산업이 발달하지 못했던 옛날에 육상 교통을 개발하기란 불가능한 일이었다.

『택리지』에서 이중환은 우리나라에 내륙 수운이 발달한 까닭을 다음과 같이 밝혔다.

우리나라는 산이 많고 들이 적어서 수레가 다니기에 불편하므로 온 나라의 장사꾼은 말에다 화물을 싣는다. 그러나 목적지까지의 거리가 멀면 노자는 많이 허비되면서 소득은 적다. 따라서 배로 물자를 운반해 교역하는 것이 이익이 더 크다. …… 이러한 고을로 한강에는 용산, 마포, 충주가 있고 금강에는 공주, 부여, 강경이 있으며 영산강에는 나주가 있고 낙동강에는 김해, 상주가 있다.

나룻배 조선 시대에는 큰 강이 주요 교통로여서 사람과 물자가 이동하는 데 나룻배가 널리 쓰였다.

이렇게 발달한 내륙 수운이 왜 쇠퇴했을까? 강물이 점점 얕아진 것

도 이유 중 하나이다. 이중환은 『택리지』에서 강물이 얕아지는 원인을 문화·생태학적으로 설명했다.

어려서 지나간 강원도 운교에서 서쪽 대관령까지는 평지이든 고개이든 길이 빽빽한 숲 사이로 나 있었다. 나흘 동안 길을 가면서도 하늘과 해를 볼 수 없었다. 그런데 수십 년 전부터 산과 들이 개간되어 경지가 되고, 마을이 서로 잇닿아서 이제 산에는 한 치 굵기의 나무도 없다. 이로 미루어 딴 고을도 이와 같음을 알 수 있으니 산천은 어려움을 겪는다. 예전에 인삼이 나는 곳은 모두 대관령 서쪽 깊은 두메였으나, 산사람들이 화전을 일구느라 불을 질러 인삼은 점점 적게 나고, 장마 때면 산이 무너져서 한강에 흘러드니 한강이 차츰 얕아진다.

경원
회령
부령
청진
경성
명천
길주
성진
강계
봉황성
의주
용암포
선천
영변
북청
철산
박천
전두장
안주
함흥
고원
덕원
평양
덕원 원산장
황주
곡산
사리원
신막
봉산
토산 비천장
해주
철원
개성
강화
한성
제물포
원주
강릉
수원
봉평 대화장
안성 읍내장
충주
제천
천안
괴산
울진
홍성
공주 약령장
문경
제천
은진 강경장
상주
논산
여산
김천
김제
전주 읍내장
대구 약령시
경주
고부
함양
밀양
울산
나주
남원 읍내장
창원 마산장
광주
진주
동래
능주
충무
목포
해남

해상 교통로
육상 교통로
국제 무역 도시
대표적인 장시
주요 상업 도시

조선 시대 후기의 교통로

그러다가 20세기 들어 철도와 자동차 교통이 등장하고, 산지가 많은 지형을 기술적으로 극복하게 되면서 한강의 배들은 급격하게 줄어들었다. 우리나라에서 배는 근대 교통 수단의 경쟁 상대가 되지 못했다.

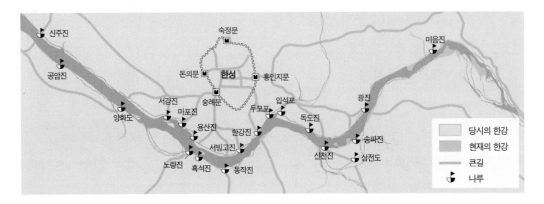

신주진

공암진

숙정문

돈의문 한성 흥인지문

서강진

마포진

양화도

용산진

입석포

두모포

독도진

광진

한강진

서빙고진

노량진 흑석진 동작진

신천진

송파진

삼전도

당시의 한강

현재의 한강

큰길

나루

조선 시대 후기의 한강변 주요 나루

1925년에 일어난 을축년 대홍수가 저지대인 서울 일대 시장의 시설들을 모조리 휩쓸어 가는 바람에, 한강 유역의 수운 기능은 더욱 약해졌다. 결정적으로 한국전쟁 이후 한강과 임진강이 만나는 지점에 휴전선이 지나가게 되자 바다에서 한강으로 들어오는 뱃길이 완전히 막혔다. 다리 건설도 여기에 한몫했다(141쪽 지도에서 '현재의 주요 다리' 참고). 한강에 다리가 적었던 수십 년 전만 해도 나룻배를 이용해 강남의 채소를 용산 시장으로 운반했다.

20세기 초까지 강은 사람과 물자가 오르내리는 우리나라 대동맥이었으나 이제 강에는 배들이 보이지 않고, 거의 모든 나루들이 사라졌다. 그러나 한때 나루였음을 나타내는 '-포', '-진', '-도' 등의 지명이 지금까지 남아 있어서 내륙 수운이 발달했던 과거를 돌이켜 볼 수 있다. 마포, 구포, 삼랑진, 노량진, 벽란도, 삼전도 등이 그 예이다. 개흙 위에 갈대가 우거지고 시인들이 갈매기를 노래하던 서울 한강의 정취는 이제 콘크리트로 이루어진 근대 문명의 그림자 뒤로 사라지고 말았다. 다른 하천의 많은 나루들도 과거의 활기를 잃고 노인들의 기억에만 일부 남아 있다.

146

우리 땅 '간도'와 '녹둔도'

영토 분쟁의 역사와 앞으로의 과제

백범 김구 선생은 그의 자서전 『백범일지』에서 "나의 소원이 무엇이냐? 첫째도 통일이요, 둘째도 통일, 셋째도 통일이다." 했다. "민족의 이름 앞에서 이념은 한갓 뜬구름과 같다."라는 말도 남겼다. 우리 민족에게 남겨진 가장 큰 과제가 무엇이냐는 질문을 받는다면 대부분 통일이라고 대답할 것이다. 우리 주위에 남북 분단으로 고통받고 있는 이산가족이 네 명 중 한 명꼴이라는 사실도 이러한 생각을 일깨워 준다.

여러 해 전, 세계 백지도에 자기가 아는 나라를 표시하는 방법으로 한국에 대한 세계 학생들의 인지도를 조사한 적이 있었다. 52개국 75개 대학의 1학년 학생 3568명을 대상으로 한 이 조사에서 한국은 꽤 잘 알려져 있는 나라라는 결과가 나왔다. 더욱이 남북이 분단된 지 50년이 넘은 시점에서 남한과 북한을 한 나라로 인식하고 있다는 결과가 눈길을 끌었다. 특히 한국의 학생들 93%가 남북을 나누지 않고 한 나라로 표현해서, 통일에 대한 의식이 매우 높다는 것을 알 수 있었다. 이러한 조사 결과는 우리나라 통일의 전망이 밝음을 넌지시 알려 준다.

남북 분단의 현실을 극복하고 민족적 과제인 통일을 이루는 데 남북 모두 힘을 모아야 한다. 아울러 우리가 놓치지 말아야 할 과제가 있다. 잃어버린 우리 땅 간도와 녹둔도를 되찾는 일이다.

우리 선조들이 오랜 세월 인식해 온 간도의 범위는, 동으로 토문강에서 송화강을 거쳐 흑룡강[헤이룽 강, 아무르 강] 동쪽 연해주까지, 그리고 서로는 압록강 건너편부터 고구려의 영토였던 요양[랴오양], 심양[선양] 일대까지였다.

간도는 고대에 고구려와 발해의 영토였다. 926년에 발해가 멸망한 뒤부터 한동안 만주족이 차지했지만, 그들이 1600년대 초에 청나라를 세우면서 중국 본토로 떠나가자 주인 없는 땅이 되어 버렸다. 이때 조선의 유민들이 압록강과 두만강을 건너 들어가서 땅을 일구며 농사짓고 살게 되었다.

하지만 청나라에서 조선인의 유입에 문제를 제기함에 따라, 1627년 청나라와 조선은 강도회맹을 맺었다. 이것은 간도를 두 나라의 어느 누구도 들어갈 수 없는 '봉금 지대'로 설정하고 공동 관리하기로 한 조약이었다. 그 결과 간도를 둘러싼 청나라와 조선의 접경 지대에 '책문'이라는 검문소들이 들어섰고, 간도는 주인 없는 땅이 되었다. 하지만 청나라의 관리가 소홀한 상태에서 조선인들은 지속적으로 몰래 들어가 터를 닦으며 살아갔다. 국경이 불분명한 땅을 우리 민족이 먼저 개간하며 점유한 것이다.

1600년대 중반에 러시아가 흑룡강 유역까지 진출해 오면서 국경 문제로 청나라와 잦은 마찰을 빚고, 1710년에는 조선인 여덟 명이 청나라 접경 지역에서 청나라 사람들 다섯 명을 살해하는 사건이 발생했다. 이에 청나라는 간도를 차지함으로써 불분명한 국경을 확실히 정하고 싶어했다. 그래서 백두산이 청나라의 발상지라는 논리를 앞세워 조선과의 국경 협상을 추진하기로 했다.

1712년 청나라 대표로 함경도에 파견된 목극등은 조선의 대표 박권을 만났으나, 박권과의 동행을 거부한 채 군관 몇 명만 데리고 백두산에 올라 국경 실사를 했다. 백두산에서 물줄기를 조사한 끝에 정상이 아닌 남동쪽 4km, 해발 2200m인 지점에 조선과 청나라의 경계를 표시하는 비석을 세웠다. 비문에는 "서위압록 동위토문[西爲鴨綠 東爲土門 : 서쪽으로는 압록강, 동쪽으로는 토문강을 국경으로 함]"이라는 문구를 새겨 넣었다. 이러한 백두산정계비는 청나라가 조선의 대표도 참석시키지 않은 채 일방적으로 세운 것이다.

백두산정계비가 세워진 뒤로도 조선인들은 그 경계 너머로 이주해 땅을 일구며 살았다. 1860년대에는 함경도에 흉년이 들어 이곳에 살던 조선인들이 집단 이주했다. 간도에 거주하는 조선인들이 급증한데다 조선의 행정력이 미치고 있는 사실을 확인한 청나라는 1880년 이후 간도의 '봉금'을 풀었다. 그리고 뒤늦게 자기 나라 한족 사람들을 유입시키면서 간도를 실질적으로 관리하기 시작했다. 그 당시 간도에 정착해 있던 조선인들은 이미 10만여 명으로, 거주민 비율에서 압도적이었다. 그런데도 청나라는 간도를 관리하는 과정에서 조선인들에게 귀화를 강요하거나 청나라 풍속을 따르게 협박하는 등 갖은 억압을 퍼부었다. 하지만 번번이 조선인들의 강력한 반발에 부딪쳤다.

조선인들이 압박에 순순하지 않자, 청나라는 조선에 국경 시비를 걸었다. 자신들이 합당한 절차 없이 일방적으로 세운 백두산정계비를 근거로 말이다. 그들은 비문의 '토문강'이 자기 나라의 발음으로 '두만강'을 뜻한다며, 간도에 살고 있는 조선인들은 모두 두만강 이남으로 물러가라고 우겼다. 이에 조선은 토문강과 두만강이 전혀 다른 강임을 주장하며 맞섰다. 그래서 조선과 청나라는 1885년 을유감계담판과 1887년 정해감계담판이라는 국경 협상을 열어, 백두산정계비 주변의

조선과 청나라의 영토 분쟁
1880년대에 청나라는 백두산정계비문의 '토문강'이 '두만강'이라고 우기며, 간도의 조선인들을 두만강 이남으로 내쫓았다.

[지도 범례]
— 백두산정계비에 따른 조선과 청나라의 국경선
— 청나라가 주장하는 국경선

송화강

서 간 도   동 간 도

길 림 성 조 선 족 자 치 주

송   강

천지   만   함경북도
백두산   토   두
백두산정계비 터   랑 강 도
압록강

물줄기를 다시 점검하고 토문강이 과연 두만강인지 따져 보았다.

　청나라는 시종일관 압록강-두만강 국경을 주장했다. 하지만 두 나라가 공동으로 답사한 결과, 정계비에 연결된 강은 압록강을 비롯해 송화강의 지류인 토문강임이 밝혀졌다. 답사에서 비문의 토문강이 두만강과 다르다는 사실을 끝까지 주장하고 증명한 사람은 국경 협상의 조선 대표인 이중하였다. 그의 목숨을 건 노력으로 끝내 협상은 결렬되었다. 이로써 간도는 조선과 청나라의 '영유권 분쟁 지역'으로 남게 되었다.

　1897년 대한제국을 수립한 조선은 간도를 우리 영토로서 보다 적극적으로 보호하기 시작했다. 1903년에 이범윤을 시찰관으로 파견한 뒤 1903년에는 '간도 관리사'로 승진시켜 간도를 관리하게 했던 것이다. 그런데 1905년 을사늑약으로 일제가 조선의 외교권을 강제로 빼앗아 가면서 청나라와의 국경 협상에 일제가 나서게 되었다. 1907년 일제는 간도 용정에 조선통감부 간도파출소를 설치하면서, 간도는 조선의 영

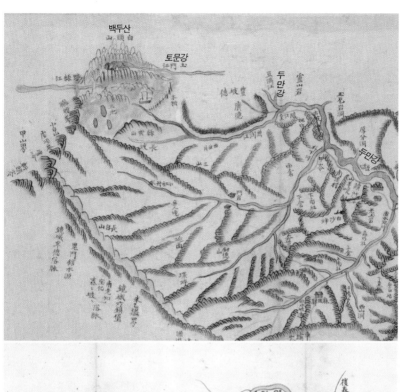

토문강이 두만강과 다름을 입증하는 우리나라 고지도 위는 「무산부도」, 아래는 「함경도」의 부분이다. 두 지도 모두 백두산정계비 건립 이후에 만들어진 것으로, 토문강과 두만강이 물줄기의 근원부터 전혀 다름을 잘 보여 준다.

토이고 파출소 건립의 목적은 간도에 거주하는 조선인을 보호하기 위해서—실제로는 조선의 독립 운동가들을 핍박하려는 목적이 숨어 있었음—라며 널리 알렸다.

그러나 1909년 일제와 청나라가 간도협약을 맺었다. 일제가 청나라로부터 만주에서의 철도 부설권과 탄광 채굴권을 얻기 위해 간도를 팔아넘긴 것이다. 하지만 간도를 청나라에 영원히 넘기려던 것은 아니었다. 남만주 철도를 경비한다는 핑계로 군사력을 투입한 뒤 만주를 장악함으로써 간도도 차지하겠다는 속셈이 있었다. 실제로 1931년 일제는 만주전쟁을 일으켜 '만주국'이라는 괴뢰 정부를 세웠다. 일제조차 처음부터 조선의 땅으로 여겼던 간도는 간도협약 이후 지금까지 중국이 차지하고 있다.

일제는 간도를 청나라에 팔아넘긴 사실을 감추려고, 1910년 한일병합 이후 지도 제작에 열을 올렸다. 1911년 3월 30일 일제는 조선총독부 중추원 기증 자료 1호로 「조선총독부 통신망도」를 제작하여 배포했는데, 여기에는 간도가 빠져 있었다. 우리 민족의 영토 의식에 자리한 '간도'를 지우려고, 우리나라 국경을 압록강-두만강으로 설정한 지도를 만들었던 것이다. 이 지도는 1915년부터 '조선 전도'로 불렸으며, 이후 우리 교과서는 물론 모든 정부 자료에 들어가게 되었다.

간도는 우리 땅이다. 우리 고대 국가의 영토였다가 한동안 주인 없는 봉금 지대였으나, 우리 민족이 먼저 개간하고 정착하여 압도적인 인구를 차지하며 우리 국가의 행정력까지 미쳤던 땅이다. 청나라와의 간도 분쟁에서도 우리는 끝까지 간도 영유권을 주장했고, 간도가 영유권 분쟁 지역으로 남아 있을 때 분쟁의 제3자인 일제에 의해 청나라로 넘어간 것이다.

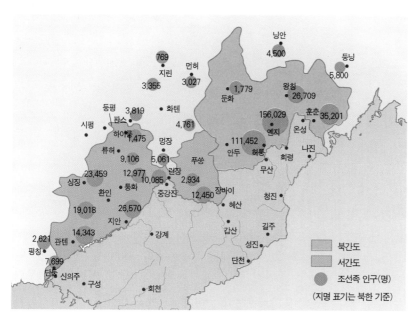

닝안
4,500

둥닝
5,800

769
지린

먼허
3,027

왕칭
26,709

3,355

둥화
1,779

동평
3,819

화뎬

156,029

훈춘
35,201

시펑

팡스

4,761

옌지

온성

하이룽
7,475

멍장

111,452

나진

류허
9,106

5,061

안투

허룽

회령

23,459
12,977

란창

10,085
2,934

푸쑹

무산

싱징
환인

통화

중강잔

장바이
12,450

청진

19,018
26,570

혜산

길주

지안

14,343

강계

갑산

2,621
관뎬

평창

성진

7,699
단둥 신의주

구성

회천

단천

북간도
서간도
조선족 인구(명)
(지명 표기는 북한 기준)

오늘날 국제법의 법리로 따져 볼 때 간도협약은 무효이다. 일제가 청나라와 간도협약을 맺은 법적 근거인 을사늑약 자체가 무효이기 때문이다. 을사늑약은 고종 황제의 비준뿐 아니라 서명, 날인, 위임장이 없이 위조되고 강압적으로 체결된 조약이므로 무효이다. 무효인 을사늑약을 통해 외교권을 얻은 일제가 청나라와 간도협약을 맺었으니, 간도협약도 무효인 것이다. 그런데 1945년 일본이 패망한 이래 전후 처리 과정에서 간도협약의 무효 조치가 이루어지지 않았다. 게다가 1962년 북한은 남한의 동의 없이 중국과 '조중변계조약'이라는 국경 조약을 비밀리에 맺음으로써 간도가 중국 영토임을 인정해 버렸다.

두만강 하구의 작은 섬 녹둔도도 우리 민족이 조선 시대까지 경흥에 속한 지역으로 인식해 온 우리 땅이다. 녹둔도에 관한 지금까지 알려진 최초의 기록은 『세종실록지리지』의 두만강 설명 부분에 나타난다. 녹둔도는 '사차침도', '사차마도' 등 여러 이름으로 불리다가 조선 시대

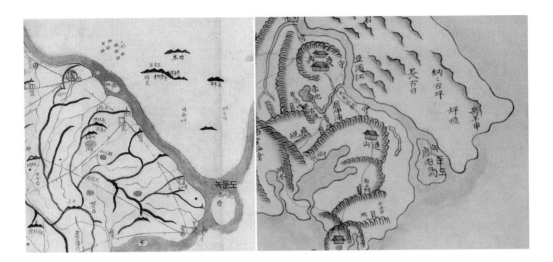

우리나라 고지도 속의 녹둔도
왼쪽은 『대동여지도』, 오른쪽은 「경흥부도」의 부분인데 녹둔도가 명확히 표시되어 있다.

6진 개척과 더불어 북변의 지명이 확정되면서 세조 원년(1445)부터 '녹둔도', '녹도'로 불리게 되었다. 이후 『동국여지승람』, 『경흥도호부읍지』 등 여러 향토지와 그 밖의 많은 고지도에 표시되었고, 『대동여지도』에도 나타나 있다.

녹둔도는 두만강의 범람으로 그 하구인 조산포 근처에 형성된 충적지형인데, 세월이 가면서 두만강의 유로가 바뀔 때마다 위치가 조금씩 이동했다. 기록에 따르면 녹둔도는 행정적으로 경흥의 조산보에 속했으며, 경작과 방수의 두 기능을 하는 북방 변경 관리의 근거지였다. 그런데 러시아가 청나라의 국력이 약해진 틈을 타 국경 회담을 제의하고 1860년 두 나라 간에 베이징조약이 체결되면서, 흑룡강 동쪽의 넓은 땅이 러시아에 넘어갔다. 그러면서 조선도 알지 못하는 새 녹둔도가 러시아 영토에 속해 버렸다.

이를 시정하기 위해 고종은 1883년 어윤중을 서북경략사로 임명해 녹둔도로 파견하고, 그곳의 현황을 파악하여 되찾을 방법을 구해 보도록 했다. 고종은 이듬해에도 김광훈, 신선욱을 파견해 녹둔도에 사는

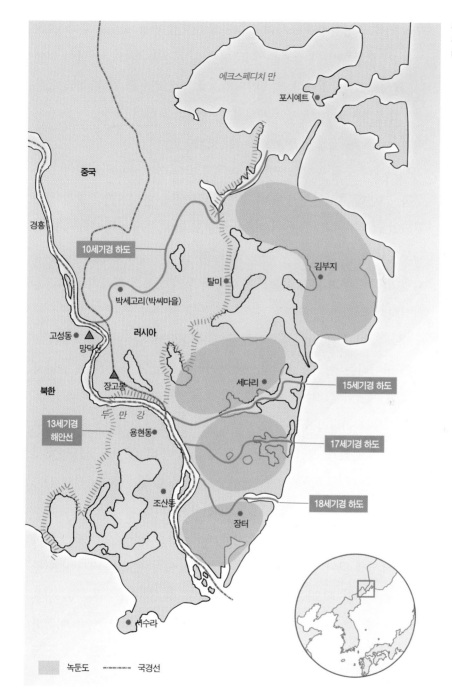

녹둔도의 위치 녹둔도는 두만강의 유로가 바뀜에 따라 위치가 바뀌었다.

에크스페디치 만

포시예트

중국

경흥

10세기경 하도

김부지

탈미

박세고리(박씨마을)

고성동

망덕산

러시아

장고봉

세다리

15세기경 하도

두 만 강

13세기경 해안선

용현동

17세기경 하도

조산동

18세기경 하도

장터

여수라

녹둔도   국경선

우리 민족의 생활상을 조사하고 그곳의 지도를 만들어 오게 했다. 그러고는 이 모든 과정의 결과를 『아국여지도』, 『강좌여지기』에 담아 펴냈다. 그리고 조선, 청나라, 러시아와의 3국 국경 조사를 위한 '삼국 공동 감계안'을 청나라, 러시아에 제의하고, 국경선을 다시 조사할 것을 요청하며 녹둔도의 조선 귀속 문제를 거론했다.

대한제국 수립 후에도 조선은 녹둔도 반환을 러시아에 끝없이 요구했다. 그런데 을사늑약을 통해 일본에 외교권을 빼앗기면서 교섭이 중단되었고, 일제 강점기를 거치면서 녹둔도 귀속 문제는 방치되어 왔다. 녹둔도의 영유권은 우리나라에 있다. 역사적·지리적 정황을 봐도, 국제법 법리로 따져 봐도 녹둔도가 예부터 우리 고유의 영토라는 사실은 확실하다.

광복을 이룬 지 60년이 넘었지만, 우리나라 정부는 간도와 녹둔도가 우리 땅이라는 주장을 대외적으로 제기하지 않고 있다. 여전히 교과서나 각종 자료에 실리는 우리나라 전도에는 간도와 녹둔도가 빠져 있다.

중국은 우리나라의 통일 가능성이 커지자 막상 통일되었을 때 간도에 대한 영유권 분쟁이 불거질까 봐, 2002년부터 '동북공정〔동북 변경 지역의 역사와 현상에 관한 체계적인 연구 과제〕'을 앞세워 우리나라의 간도 영유권 주장을 원천 봉쇄하려고 준비중이다.

중국이 벌이는 동북공정이란 중국의 국경 내에서 전개된 모든 역사를 중국사에 끼워 넣으려는 연구 과제이다. 여기서 '동북〔둥베이〕'이란 중국 북동부의 랴오닝〔요령〕성, 지린〔길림〕성, 헤이룽장〔흑룡강〕성을 통틀어 이르는 지명으로, 다름 아닌 간도를 가리킨다. 중국은 이러한 치밀한 연구 계획을 통해서 고조선을 비롯해 고구려와 발해가 중국 동북의 변경(국경이 되는 변두리 땅) 지역에 속한 지방 정권이라고 주장하고 있다. 엄연히 실재했던 우리나라 고대사인데도 말이다.

최근 들어 한국, 중국, 미국, 일본의 동아시아 역학 관계가 급변하면서 간도의 지정학적 가치가 급부상했다. 중국이 우리의 통일에 대비해 간도가 중국 영토라는 논리를 고대사 왜곡으로써 다지고 있을 때, 우리는 타당한 역사적 근거로써 중국의 논리에 맞서야 한다. 그리고 우리나라 정부는 중국 정부에 간도협약의 무효를 통보하고 끊임없이 간도의 영유권을 주장해야 한다. 이는 녹둔도에 대해서도 마찬가지다. 영유권에 대해 이의를 제기하지 않으면 현재 그 지역을 점유하고 있는 쪽에 영유의 우선권이 주어지는 것이 국제 사회의 통념이기 때문이다.

간도와 녹둔도는 우리 민족이 우리 손으로 일군 터전이기에 반드시 되찾아야 한다. 효력이 없거나 불합리한 조약에 따라 빼앗긴 땅이기에 더더욱 되찾아야 마땅하다.

바로 알고 지켜야 할 우리 영역

영토·영해·영공의 이해

「독도는 우리 땅」이라는 노래가 있다. 이 노래는 경쾌한 가락으로 한때 널리 유행했다. 다음은 그 노랫말의 일부이다.

러일전쟁 직후에 임자 없는 섬이라고 억지로 우기면 정말 곤란해.
신라 장군 이사부 지하에서 웃는다. 독도는 우리 땅.

1980년대 '5공 시절' 이 노래가 금지곡이 되면서, 한때 독도가 일본의 손아귀에 넘어갔을지도 모른다는 유언비어가 퍼지기도 했다. 일본 수상이 의회 연설을 통해 독도는 일본 땅이라고 주장하는 시절이었기 때문이다.

예전부터 일본이 끊임없이 독도 영유권을 주장하는 이유는, 지금은 한국 해양 경비대가 상주해 있는 한국 영토이지만 뒷날 독도 영유권 논쟁이 일어날 경우에 대비하기 위해서이다. 한 지역의 영유권에 대해 일정 기간 이의를 제기하지 않으면 국제법상 영유권을 주장할 수 없기 때문이다. 일본은 독도를 일본 영토로 표시한 고지도를 근거로 독도가 일본 땅이라고 우기고 있다.

일본이 독도 영유권을 주장하는 보다 실질적인 이유는 독도 주변 해

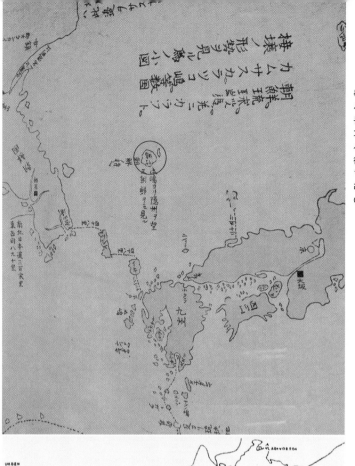

독도가 우리나라 영토임을 입증하는 지도 18세기에 일본에서 제작된 「삼국접양지도」(위)는 색깔로 조선과 일본의 영토를 구분했다. 여기서 독도(원 표시 부분)는 조선의 영토로 표시되어 있는데다 울릉도와 독도 옆에 "朝鮮ノ, 待二〔조선의 것으로〕"라는 문구가 들어 있다. 1946년에 연합군 최고 사령부 지령에 따라 그려진 지도(아래)에도 독도가 우리나라 영토임이 분명하게 표시되어 있다.

독도 동도(암섬), 서도(수섬), 주변에 산재한 89개의 바위섬으로 이루어진 화산섬이다. 삼봉도, 가지도, 우산도 등으로 불리다가 1881년부터 독도로 불렸다. 외국 고지도에는 Liancourt, Hornet으로 표기되어 있고, 일본에서는 다케시마로 불린다.

역의 수산 자원을 차지하기 위해서이다. 독도가 일본 땅이 되면 독도에서 12해리까지 일본 영해가 되고, 200해리까지 배타적인 경제 수역이 된다. 현재 독도를 중심으로 한 12해리의 바다는 우리나라 영해이다. 그런데 그동안 시시때때로 일본 어선들이 독도 바로 앞까지 와서 불법으로 어로 행위를 해 왔다.

세계 각국이 영해를 설정하던 초기에 영해의 범위는 3해리였다. 초기에 영해를 설정한 주된 목적은 방어를 위해서였는데, 그 당시의 함포 사격 거리가 3해리에 미치지 못해서 영해의 범위가 그렇게 정해졌다. 하지만 최근 들어 영해 설정의 목적이 점점 바뀌고 있다. 방어 목적뿐 아니라 수산자원을 확보하거나 대륙붕의 해저 지하 자원을 개발하기 위해서이다.

실제로 독도 주변 해역에서 벌인 대륙붕 개발이 성공했다. 포항에서 남동쪽으로 수 킬로미터 떨어진 대륙붕을 시추한 결과 천연가스를 개발할 수 있었고, 이어서 석유 탐사도 진행해 왔다. 끝없는 일본의 독도 영유권 주장은 이와 같은 경제적 이득을 추구하려는 의도가 깔려 있는 것이다. 그뿐만 아니라 영유권 분쟁으로 한일 간의 갈등이 커지면 군사 대국화를 향해 달려가는 일본 우익의 발언권이 커진다는 효과를 노린 것이기도 하다.

1997년 우리나라가 외환 위기로 어려움에 처해 있을 때 일본은 1965년 맺었던 한일 어업 협정을 일방적으로 파기했다. 파기의 한 축에는 독도 부근을 '한일 공동 규제 수역'으로 설정하려는 의도가 있었는데, 이 의도는 성공해 현재 그렇게 설정되어 있다. 그리고 일본은 기존에 일본 영해 기준으로 삼은 통상 기선을 무시하고 일방적으로 직선

한일 공동 규제 수역 독도와 우리나라 영해 12해리는 한일 공동 규제 수역에서 제외된다.

기선을 적용해서, 직선 기선을 넘어 일본 쪽으로 가까이 가는 우리나라 어선을 나포하기까지 하여 외교 마찰을 일으켰다. 통상 기선은 굴곡 있는 해안의 간조선(간조 때의 바다와 육지의 경계선)을 연결한 것이고, 직선 기선은 해안의 돌출 부분이나 섬 등 일정한 지점을 직선으로 연결한 것이다.

한 국가의 영역은 영토, 영해, 영공으로 나누어진다. 우리나라 영토는 '한반도와 그 부속 도서'로 정해져 있다. 이러한 사실은 많은 사람들이 알고 있는데, 영해의 범위가 어떻게 되는지 아

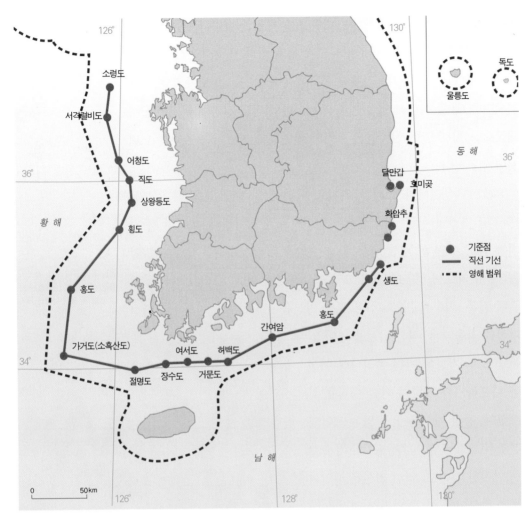

우리나라 영해의 기준과 범위

는 사람들은 그리 많지 않다. 우리나라의 영해 범위는 동해, 제주도, 울릉도, 독도는 통상 기선인 해안으로부터 12해리 선, 황해와 남해는 직선 기선으로부터 12해리 선, 대한 해협은 직선 기선으로부터 3해리 선이다. 이는 1978년에 정해진 것이다.

　우리나라 영공은 영토와 영해의 상공이다. 영공도 영해와 마찬가지로 방어를 주된 목적으로 하여 범위가 정해졌다. 그런데 최근 들어 영

162

공 설정의 목적도 영해의 경우처럼 바뀌고 있다. 기술 진보에 따른 항공 교통의 발달이 영공의 경제적 가치를 창출하게 된 것이다.

몇 년 전까지만 해도 우리나라에 들어오는 외국 항공기는 서울을 최종 도착지로 정해야 했다. 서울을 경유해 다른 곳으로 비행할 수 있는 항로가 제한되어 있었기 때문이다. 이러한 제약 때문에 우리나라는 다른 나라와 항공 협정을 체결할 때 불이익을 감수할 수밖에 없었다. 홍콩은 우리나라와는 달리 항로의 제한이 적어서 이곳을 경유해 이동하는 외국 항공기가 워낙 많다. 그래서 공항 이용료로 얻는 이익만 해도 엄청나다.

현재 우리나라와 미국 사이에 맺은 한미 항공 협정은 우리에게 매우 불리하게 되어 있다. 서울에 도착한 미국 항공기는 우리나라와 외국의 어느 도시로도 비행할 수 있지만, 미국의 어느 한 도시에 도착한 우리나라 항공기는 미국의 다른 도시로 자유롭게 비행할 수 없다. 또 인천 국제공항에는 미국 항공기를 위한 독립적인 터미널이 설치되어 있지만, 미국의 어느 공항에도 우리나라 항공기 전용 터미널은 설치되어 있지 않다.

그런데 최근 우리나라와 중국, 러시아와의 관계가 개선되면서 서울을 지나 다른 곳으로 비행할 가능성이 상당히 높아지고 있다. 남북이 통일되기 전이라도 남북 간 항공 협정이 체결되어 북한 영공을 지나 중국, 러시아의 각 지역을 자유롭게 비행할 수 있게 된다면 우리나라 영공의 경제적 가치는 더욱 커질 것이다. 또 외국 항공기가 우리나라를 경유해 중국이나 러시아의 여러 도시로 갈 수 있게 되면, 한미 간 대표적인 불평등 조약인 한미 항공 협정에 임하는 우리의 입장도 더 강화될 수 있을 것이다.

주체적인 '시간'을 찾아서

세계의 표준시와 우리나라의 표준자오선

우리나라 사람이 아침에 미국인 친구에게 전화하면서 "굿 모닝!" 했더니, 저쪽에서는 "굿 이브닝!" 했다. 우리나라 사람이 시차를 깜박 잊고 아침 인사를 건넨 것이다. 우리나라가 아침일 때 미국은 저녁이다. 이렇게 두 나라의 시간은 다르다. 왜냐하면 지구상의 위치가 다르기 때문이다. 지구가 한 번 자전할 때마다 24시간이 흘러 경도 15°마다 한 시간씩 차이가 나므로 나라마다 시간이 달라지는 것이다.

경선은 '자오선'이라고도 하는데, 자오선은 우리나라를 포함한 동아시아 지역에서 사용하는 12지 방위 표시법에서 나온 말이다. '자'는 북을 가리키고 '오'는 남을 가리켜 '남북을 연결한 선'이라는 뜻이 된다. 세계에서 공통적인 기준으로 삼고 있는 본초자오선은 현재 영국의 그리니치 천문대를 통과하는 경선이다.

이 선이 본초자오선이 되기까지는 영국의 정치적, 군사적 힘이 작용했다. 유럽의 각 나라에서 지리적 탐사가 활발히 진행되기 시작한 16세기 후반 '메르카토르'라는 사람은 각이 정확하게 나타나는 항해용 지도를 제작했다. 이후 유럽의 여러 나라들도 앞다투어 항해용 지도를 제작했는데, 어떤 곳의 위치를 지도상에 표시할 때 저마다 자기 나라를 기준으로 삼았다. 그래서 어떤 곳의 지도상의 경도가 나라마다 달라지

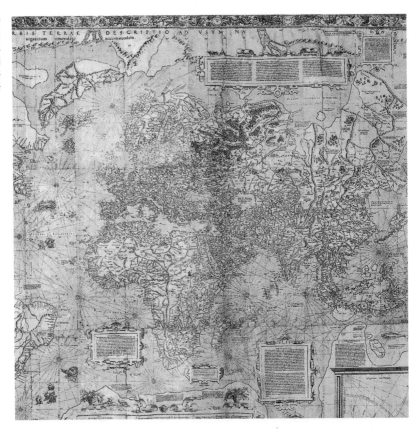

메르카토르가 1595년에 만든 지도 정확한 지도 제작법으로 '투사법'을 고안한 메르카토르는 1595년에 지도책을 편찬하면서 '아틀라스'라는 이름을 붙였다. 이후 이 말은 널리 쓰였다.

는 문제가 따랐다.

이러한 불편을 없애려고, 1884년 미국 워싱턴에서 25개국 대표가 모여 '만국 지도 회의'를 열었다. 이 회의에서 영국의 그리니치 천문대를 통과하는 선을 본초자오선으로 결정하게 되었다. 이렇게 결정한 이유는 그 당시 영국이 세계의 패권을 쥐고 있었던 강국인데다 그리니치 천문대는 일찍이 경선 연구를 거듭해 상당한 결실을 이루고 있었기 때문이다. 그런데 프랑스는 이 결정에 불복해 지금도 국내에서 사용하는 지도에는 파리를 통과하는 경선을 본초자오선으로 삼고 있다.

우리나라에서 표준자오선으로 쓰고 있는 경선은 동경 135°이다. 우리나라의 어느 곳도 지나지 않는 동경 135°가 언제부터, 어떻게 우리나라 표준자오선으로 쓰이게 되었을까?

우리나라에서 표준자오선을 최초로 정한 때는 1908년 4월 1일이었다. 대한제국이던 당시에 동경 127° 30′을 우리나라 표준자오선으로 정한 것이다. 그런데 한일병합 이후 일제에 의해 바뀌었다. 즉 1912년 1월 1일부터 일본의 아카시를 지나는 동경 135°를 표준자오선으로 쓰게 되었다. 일제 강점기에서 벗어난 뒤 우리나라에 일본의 모든 것을 배척하려는 의식이 번지자 1954년부터 동경 127° 30′을 우리나라 표준자오선으로 쓰기 시작했다.

그런데 다시 동경 135°로 바뀌게 되었다. 일제 강점기에 일본군 장교를 지냈던 박정희 소장이 쿠데타로 정권을 잡은 뒤 1961년 8월 7일 법률 제676호 '표준자오선 변경에 관한 법률'을 제정하면서 우리나라 표준자오선을 또다시 동경 135°로 설정한 것이다. 항해, 항공, 무역에서 시각을 환산할 때 일어나는 혼란을 바로잡기 위해서라는 명분을 내세웠다. 이후 우리나라 표준자오선은 동경 135°로 굳어졌다.

우리나라 표준자오선이 동경 135°가 되면서 우리는 자연적인 시간에 어긋나는 생활을 하게 되었다. 중앙 경선인 동경 127° 30′에 태양이 남중할 때 자연적인 시간은 정오에 해당하지만 시계는 12시 30분을 가리키게 된다. 우리는 생체 리듬에 맞는 자연적인 시간보다 30분 더 앞당겨 생활하고 있는 것이다.

1988년 올림픽 대회가 서울에서 개최될 당시에 우리나라는 서머타임[Summer Time : 일광 절약 시간제]을 실시해 한 시간을 앞당긴 적이 있다. 미국에서 텔레비전을 통해 올림픽 경기를 지켜볼 미국 시청자들을 배려한 결정이었다. 이러한 서머타임 때문에 우리나라 사람들은 생체 리듬과 무려 1시간 30분이나 차이 나는 생활을 해야 했다. 그해만큼은 세계에서 가장 부지런한 민족이 되었던 것이다.

정리해 보면, 우리나라 표준자오선은 대한제국 때 동경 127°30′으로 결정되었다가 일제 강점기에 동경 135°로 바뀌었고, 1954년 다시 동경 127°30′으로 바뀌었다가 1961년 또다시 동경 135°로 바뀌었다. 이렇게 표준자오선이 엎치락뒤치락하면서 결국 135°로 굳어진 이유는 무엇일까?

표준자오선의 변경 과정 오늘날 표준자오선으로 쓰는 동경 135°는 우리나라 어느 곳도 지나지 않는다.

먼저, 한 시간 단위로 표준시를 정하고 있는 국제 사회의 관례 때문이라는 이유가 있을 수 있다. 그런데 프랑스를 비롯해 중국, 인도, 스리랑카, 이란 등은 자기 나라 고유의 시간을 보존하기 위해 15′이나 30′ 단위로 표준시를 정해 쓰고 있다. 우리나라도 애초에 정해졌던 127°30′을 유지한다 해도 국제 사회의 흐름을 거스르는 것은 아니다. 그래서 국제적 관례를 따르기 위해서라는 이유는 설득력이 약하다. 오히려 우리나라 표준자오선이 지금과 같이 정해진 것은 일제 식민의 잔재라는 논리가 더 설득력 있다.

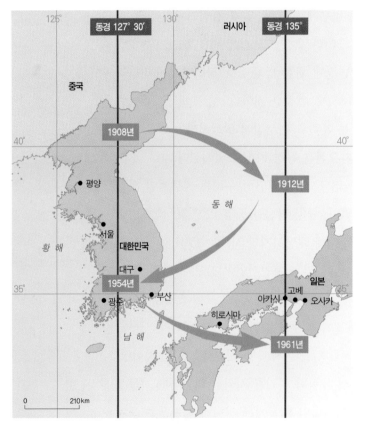

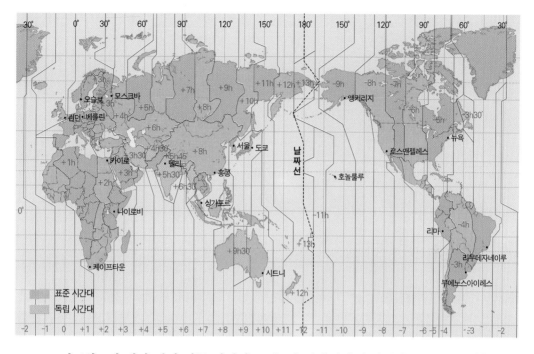

1993년 6월 1일 행정 쇄신 실무 위원회는 제7차 회의에서 우리나라 표준자오선 결정 과정에 문제 제기를 하고 표준시를 동경 127° 30′으로 되돌리려는 안건을 검토했다. 하지만 이 안건은 "표준시를 변경할 경우 상당 기간 혼선이 있을 것"이라는 이유로 끝내 부결되었다. '국민학교'라는 말을 '초등학교'로 바꾸고 지금처럼 굳어지게 하는 데 상당한 시간과 비용이 들었는데, 표준자오선 변경에는 그보다 더한 시간과 비용이 따르리라는 예상이 부결의 주된 이유일 것이다. 우리말 변경은 우리 국민의 참여만 이끌어도 되지만, 표준시 변경 문제는 국제 사회의 참여를 이끌어야 할 테니 말이다. 표준시 변경의 한계가 분명히 있기는 하지만, 동경 135°가 어떻게 우리나라 표준자오선이 되었는지 비판적으로 되새길 필요가 있다.

넷째 마당

공간 구조와 사회

몸이 가까우면 마음도 가깝다

달동네와 타워팰리스

줄기세포와 나뭇가지

정보의 홍수를 만끽하는 법

우선 먹기는 곶감이 달다

몸이 가까우면 마음도 가깝다

집과 농공업, 그리고 서비스의 입지

공간들이 서로 멀리 떨어져 있으면 그만큼 거리 마찰이 커져서 시간 거리와 비용 거리가 늘어난다. 그러면 사람, 물자, 정보가 이동하기 어려워지고 그만큼 이동량이 줄어든다. 이러한 현상을 공간 거리에 따른 '거리 조락[저하율]'이라고 한다. 이 점을 강조한 토블러는 "모든 것은 다른 모든 것과 관련되어 있으나, 가까운 것은 먼 것보다 관계가 더 많다[Everything is related to everything else, but near things are more related than distant things]."는 원리를 지리학의 제1법칙으로 제시했다.

위 말에서 '모든 것'에는 사람도 포함되어 있다. 사람들도 서로 가까이 있다 보면 얼굴 볼 일도, 대화 나눌 일도 많아져 정이 싹트고 사이가 돈독해진다. 하지만 헤어져 멀리 떨어져 있으면 얼굴 보기도, 만나 얘기 나누기도 어려워져서 어느새 서먹서먹해한다. 인간 관계에도 거리 조락이 발생하는 것이다. 이와 같은 현상을 빗대어 표현한 속담으로 "몸이 가까우면 마음도 가깝다.", "Out of sight, out of mind." 등이 있다.

이처럼 거리는 알게 모르게 우리 생활에 영향을 끼치고 있으며, 특히 집·농업·공업·서비스의 입지에 주되게 작용하는 요인이다. 그렇다면 사람들이 한평생 가장 오랫동안 생활하는 공간은 어딜까? 대체로 집일 것이다. 집은 일터에서 한 시간 거리 이내에 있는 것이 바람직하다. 집과 일터의 거리가 한 시간 반 걸릴 정도라면 하루에 약 세 시간을 교통에 허비하게 되는 셈이다. 하루에 여덟 시간 노동한다고 할 때 세 시간은 국내총생산[GDP]의 40% 정도를 생산할 수 있는 시간과 맞먹는다. 경제 선진국의 국내총생산 증가율이 매년 3%에도 미치지 못할 때가 많다는 점과 비교해 보면 출퇴근 시간이 얼마나 중요한지 실감할 수 있다. 집과 일터가 멀리 떨어져 있으면 그만큼 피로도가 증가하고, 에너지가 많이 소비되며, 대기 오염이 더 심각해지는 문제점도 생겨난다.

말 그대로 '농자천하지대본'이던 시대에 우리나라 집들은 서부와 남부 지방의 낮은 평야 지대에 많이 들어섰다. 경사도가 낮은 지형이 일터인 경지로 알맞았기 때문이다. 그러나 현대에는 일터가 공업과 서비스업이 발달한 산업 지역에 집중하고 있어서 집들도 도시, 특히 수도권과 남동 연안 지역에 많이 들어섰다. 이렇게 일정한 공간에 인구가 너무 집중하다 보면 집값과 땅값이 하늘로 치솟게 된다.

교통이 발달하면 한 시간 거리의 범위가 교통로를 따라 확대된다. 이는 기술의 발달로 거리 마찰을 극복한 것이다. 요즘에는 대도시권의 고속도로가 발달해서 대도시 주변의 전원이나 신도시로 이주하는 사람들이 많다. 환경이 쾌적하고 서울의 주거 지역에 비해 상대적으로 집값이 싸기 때문이다. 반면에 대도시 도심의 경우 주거 기능이 약해짐에 따라 밤 거리가 황량해지는 등의 문제가 생겨 주택과 상점이 함께 있는

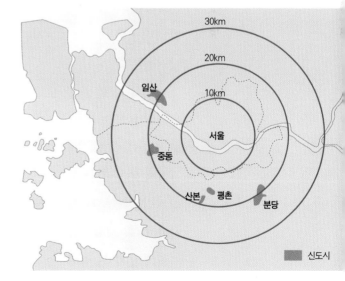

수도권의 주요 신도시 서울에 비해 집값이 싸고 주거 환경이 좋다.

전남 해남의 배추 재배지 해남은 국토의 최남단에 위치하여, 가장 추운 달인 1월의 평균 기온이 0℃ 이상일 만큼 연중 온난하다. 그래서 겨울철에도 배추 수확이 한창이다.

주상 복합 건물이 많이 세워지고 있다.

일터도 집 못지않게 사람들이 오랫동안 생활하는 공간이다. 사람들은 저마다 자기 일터에서 재화나 용역을 생산한다. 그런데 재화와 용역의 종류에 따라 일터가 달라진다.

일터 가운데 가장 오래되고 가장 넓은 곳은 논과 밭이다. 이러한 경지는 우리나라 서부, 남부 지방에 많다. 이곳은 경사가 완만하거나 평평하여 농사 짓기에 좋기 때문이다.

기후도 농업에 영향을 준다. 제주도와 남해안은 겨울 기후가 비교적 온화하여 감자, 배추, 꽃 등의 원예 농업이 발달해 있다. 그리고 기온의 일교차가 큰 내륙 산지에서는 사과나무, 포도나무, 복숭아나무 등이 많이 재배된다.

그러나 지형, 기후, 토양 등 경지의 자연 조건이 똑같다고 해서 농산물의 종류와 생산량이 똑같은 것은 아니다. 도시와의 거리에 따라 농사의 작물과 방법이 달라진다. 도시는 곧 시장으로, 농업 경영의 중요한 사회적 조건이 된다. 똑같은 규모의 경지에서 똑같은 농산물을 생산한다고 해도 도시와의 거리에 따라 소득이 달라지기 때문이다. 경지가 도시에서 멀면 거리 마찰이 커져 운송비가 많이 들므로, 소득을 높이려면 경지가 도시 가까이에 있어야 한다. 그래서 채소 같은 상하기 쉬운 농산물의 생산은 주로 도시 근처나 도시로 이어지는 교통이 편리한 곳에서 많이 이루어진다. 농산물을 통한 소득이 높아지면 땅값도 자연히 높아진다. 이러한 현상은 독일의 농업 경제학자 튀넨이 전개한 '고립국 이론'을 통해 잘 이해할 수 있다.

이렇게 농업 입지에 영향을 미치는 사회적 조건은 자본주의 사회에서 농가들의 부익부 빈익빈을 일으키기도 한다. 똑같은 자연 조건에서 똑같은 작물을 생산해 오던 농가들 중 어느 일부에만 경지 근처에 도시가 들어서거나 교통로가 개발되면 그곳의 소득이 다른 농가들보다 높아진다. 사회적 조건이 좋아진 농가는 소비 시장이 더 확대되고 교통이 더 발달함에 따라 더 많은 이익을 얻게 된다. 반면에 유리한 사회적 조건을 얻지 못한 농가는 시장 경쟁력에서 밀리게 되어 소득이 줄게 된

매봉산 고랭지의 배추 재배지
매봉산의 높고 한랭한 평탄면〔고랭지〕은 여름철이 시원하고 교통이 편리해서 채소 재배지로 알맞다.

다. 그리고 시간이 지나면서 사회적 조건이 다른 농가들의 소득 차이가 더 심해진다.

경제적 조건이 사람들의 행복에 일정하게 영향을 미치고 우리가 만인에게 공정한 사회를 지향한다면, 이 소득 차이는 어떻게 다루어져야 할까? 도시에 더 가깝거나 교통이 편리해졌다는 이유만으로 돈을 더 많이 버는 것은 자기의 노력에 의한 것이 아니므로 정당한 것이라고 하기 어려울 것이다. 이때 국가가 그 개발 이익을 거두어 다른 농민에게 나누어 주는 방법을 찾는 것은 어떨까? 그럴 때 부자가 된 토지 소유자는 이것이 사적 소유제와 자본주의 체제를 어긴 것이라고 항의할까?

경지 외에 대표적인 일터는 공장이다. 우리나라 공장은 대도시와 공업 도시, 특히 수도권과 남동 임해 지역에 집중해 있다. 이곳의 노동자들은 우리나라 전체 공장 노동자 가운데 70%를 차지한다. 공장들은 왜 이 지역으로 모여들까?

공장을 어디에 세울지 결정하는 데에는 두 가지 관점이 따른다. 하나는 '최대 이윤을 얻을 수 있는 근거지는 어디인가', 또 하나는 '분배 정의를 실현할 수 있는 근거지는 어디인가'이다. 대부분의 공장들은 전자의 관점에 따라 세워진다.

기업은 비용은 적게 들고 이익은 많이 남기려 한다. 공장이 이익을 많이 남기는 방법의 하나는 운송비를 줄이는 것이다. 그중 가장 중요한 방법은 함께 모이는 것이다. 함께 모여 공업 단지나 공업 지역을 형성하면 교통, 용수, 전력, 서비스 공급 등의 사회 간접 자본 측면에서 유리하다. 그리고 부품을 조달하고 제품을 판매하거나 정보를 교환하는 데 유리하다. 따라서 거리 마찰에 따른 운송비를 줄일 수 있다. 이것을 '집적 이익'이라고 한다.

1980년대까지 우리나라 정부는 집적 이익을 추구했다. 그래서 정부 주도의 공업 개발이 이루어질 때 공장들이 특정한 지역에 집중하게 되었다. 그러나 한곳으로 너무 많이 모여들자 땅값이 오르고 공해와 교통난이 심각해지는 문제가 생겼다. 이와 같이 공장들의 집단화로 생기는 불이익을 '집적 불이익'이라고 한다. 집적 불이익은 수도권과 남동 임해의 공업 지역에서 많이 발생한다. 이것을 줄이려고 일부 공업 지역에서는 주변으로 공장들을 분산하고 있지만, 여전히 어느 한곳에 밀집하는 실정이다.

운송비를 줄이는 다른 방법으로 적환지 지향을 들 수 있다. 적환지는 항구와 같이 물자를 싣고 내리는 곳을 말한다. 원료나 제품을 운반하는 과정에서 교통 수단이 바뀌면, 싣고 내리는 비용과 쌓아 둘 창고를 이용하는 비용이 전체 운송비의 상당

우리나라 공업 지대의 분포 (2004년)와 울산 현대중공업의 적환지 지향 공업 단지

■ 핵심 공업 지역(5만 이상)
■ 주요 공업 지역(1만~5만)
□ 준공업 지역(1000~1만)
□ 비공업 지역(1000 미만)
(괄호는 생산액이고, 생산액 단위는 100만 원)

량을 차지하게 된다. 이렇게 드는 비용을 '기종점〔출발점과 도착점〕비용'이라고 한다. 예를 들어 바로 옆집으로 이사를 가나, 열 배 먼 곳으로 이사를 가나 이사 비용에 거의 차이가 없는 것은 기종점 비용이 발생하기 때문이다. 다시 말해 이사할 때는 운반 거리에 따른 비용은 거의 발생하지 않지만, 이삿짐을 싣고 내리는 데 많은 비용이 발생한다. 우리나라는 원료를 수입하고 제품을 수출하는 중화학 공업의 비중이 크다. 따라서 대규모의 중화학 공업은 항만에 많이 들어서 있다. 특히 남동 임해 지역은 우리나라에서 수도권 다음으로 큰 공업 지역이다.

수도권과 남동 임해 지역이 대규모 공업 지역으로 집중 개발되면서 공장들은 최대 이윤을 얻을 수 있었다. 하지만 다른 지역과 소득 차이가 생기면서 지역 사회 사이에 위화감을 불러일으키기도 했다. 이것은 집적 불이익 외에도 대규모 공업 지역이 안고 있는 주된 고민거리다.

최근 들어 정부와 기업은 첨단 산업의 발달에 힘을 기울이고 있다.

서울 구로구의 디지털산업단지 지난 36년간 '구로공단'으로 불리며 섬유, 봉제 등 노동 집약적 제조업의 중심지였다. 2000년 들어 벤처, IT 등 첨단 산업이 유입되면서 '디지털산업단지'라는 이름의 산업 클러스터로 변모했다.

첨단 산업은 지식 기반 산업이므로 정보의 개발과 획득이 매우 중요하다. 대학과 연구소가 있어 첨단 지식과 기술을 제공할 수 있어야 한다. 그런데 지식과 정보를 주고받기 위해서는 관련 산업들이 함께 모여 있는 게 유리하다. 지식과 정보는 책 등의 문서를 통해 교류되지만 직접 얼굴을 마주 보면서 대화하는 가운데 오가는 경우도 많기 때문이다. 이것을 암묵적 지식이라 한다.

이런 이유로 대학, 연구소, 기업, 행정 기관 등 수백 개의 첨단 산업 관련 기관들이 함께 모인다. 이렇게 형성된 산업 단지를 '산업 클러스터'라고 한다. 서울의 테헤란로와 디지털산업단지, 그리고 대전의 대덕 연구단지가 대표적인 예이다. 최근 들어 여러 지방 정부들은 이와 같은 산업 클러스터를 조성하는 데 노력을 기울이고 있다.

달동네와 타워팰리스

주거 지역의 분화

사람들은 끼리끼리 모여 사는 경향이 있다. 일제 강점기에 일본 사람들은 우리나라 역이나 항구 근처에서 자기들끼리 모여 신시가지를 만들고 살았다.

그들은 서울 남산 밑의 진고개에 터를 잡고 모여 살면서 "우리가 사는 곳이 중심"이라는 뜻으로 그곳의 이름을 '본정〔혼마치〕'이라고 지었다. 그리고 그 일대의 시가지(지금의 퇴계로와 명동 사이)를 '본정통'이라고 불렀다. 명동을 비롯한 본정통에는 일본 상인들이 점포를 내면서 상권을 장악했다. 그들은 우리 선조들이 500년 가까이 키워 온 종로 상권

일제 강점기의 명동 일본인들이 상권을 장악해서 거리가 온통 일본 상점들로 가득하다.

까지 노렸지만 끝내 실패했다. 민족적 저항이 거셌기 때문이다. 광복 후 1946년 일본식 동 이름을 개정하면서 본정통은 '충무로'로 바뀌었다. 임진왜란 때 왜구들을 이 땅에서 몰아내는 데 이바지한 충무공 이순신 장군의 시호에서 이름을 따온 것이다.

현재 미국 도시에는 중국 사람들끼리 모여 사는 차이나타운이 많다. 한국 사람들끼리 모여 사는 코리아타운도 로스앤젤레스에 있으며, 흑인들끼리 모여 사는 슬럼도 있다. 이것은 인종과 민족이 다른데다 그로 인해 사회·경제적 차이가 생김으로써 끼리끼리 모여 사는 예이다.

인종과 민족이 같은데도 사회·경제적 차이에 따라 주거 지역이 나누어지기도 한다. 다시 말해 잘사는 사람들은 잘사는 사람들끼리, 가난한 사람들은 가난한 사람들끼리 모여 살게 된다. 우리나라에서 이러한 주거 지역 분화가 두드러지는 지역은 서울의 강북과 강남이다. 다음은 강북의 어느 가난한 사람들이 모여 사는 지역의 모습을 나타낸 글이다.

나는 우리 마을이 부끄럽기도 하고 또 자랑스럽기도 하다. 부끄러운 것은 집이 게딱지처럼 다닥다닥 붙어 있기 때문이다. 우리 반 친구가 오면 더 부끄럽다. 이건 사람 사는 집이 아니라 강아지가 사는 집이라고 말한다. 우리는 화장실이 없어서 남의 것을 빌려 쓰는데, 경기장에 입장권 가지고 들어가려는 사람들처럼 줄도 서고 돈도 내야 해서 여간 불편하지가 않다. 더구나 옆집 남학생들이 들을까 봐 제대로 용변하지 못할 때가 많다. 냄새가 온 동네에 나는 것도 부끄럽다. 나를 제일 성가시게 하는 것은 수돗물 받는 일과 구공탄 가는 일이다.

그렇지만 달님은 우리 마을을 제일 많이 비춰 주신다. 아마 불쌍해서 우릴 제일 많이 보시는 것 같다. 달동네는 싸움도 한숨도 눈물도 많지

서울 상도동 달동네 비탈진 지대에 허름한 주택들이 골목들을 사이에 두고 빼곡하게 모여 있다.

만, 사람들의 마음씨만은 달님처럼 곱다. 돈이 없어서 문제투성이인 동네지만 돈만 있다면 아름다운 동네이다. 왜냐하면 우리는 가난하지만 문을 활짝 열어 놓고 살기 때문이다. 방문뿐 아니라 마음의 문까지 활짝 열어 놓고 산다. 누가 아픈지, 어려운지, 한숨짓는지 서로 알고 걱정해 준다. 가난하지만 마음의 문을 열고 사는 달동네가 난 그래도 사랑스럽다.

반면에 다음 글은 잘사는 사람들이 모여 사는 강남 지역의 생활상을 잘 보여 준다.

서울 강남구 압구정동에 사는 박 아무개 양(18세). 명문 여대에 입학하는 박 양은 요새 대학 입시 이전만큼 바쁘다. 새벽 과외를 받기 위해 아

182

침 5시면 어김없이 깨던 버릇이 남아 있다. 6시쯤 일어나 박 양은 곧바로 집 근처의 자동차 운전 학원으로 향한다. 박 양은 합격자 발표가 나자마자 대기업 중역인 아버지로부터 여대생들이 좋아하는 승용차를 선물하겠다는 약속을 받았다. 박 양은 운전 면허 시험에 합격하면 대학 3학년생인 오빠처럼 자가 운전자가 될 꿈에 부풀어 있다.

운전 연습을 마치면 집에서 아침 식사를 한 뒤 역삼동 영어 학원으로 간다. 오는 2월 초 미국으로 2주간 어학 연수를 가기로 되어 있어서 영어 회화 연습을 미리 해 두기로 한 것이다. 초등학생 때 외국 지사에 근무하는 아버지를 따라 몇 번 미국에 간 적이 있어 그리 낯설지는 않다. 그러나 완벽한 영어 회화를 하는 친구들을 볼 때면 열등감에 빠지곤 했다. 오후에 아르바이트를 해서 받는 돈으로는 친구들과 어울려 노는 데 쓴다. 다음 주말에 박 양은 더욱 바빠진다. 신사동 어느 성형외과에서 쌍꺼풀을 비롯해 몇 가지 성형 수술을 받기로 했기 때문이다.

왜 사람들은 사회·경제적 지위에 따라 끼리끼리 모여 살까? 가난한 사람들은 어째서 부자 동네에 들어가 살지 않고, 부자들은 어째서 가난한 동네에 들어가 살지 않을까?

가난한 사람들은 소득이 적어서 주거비와 생활비에 쓸 수 있는 돈이 부족하다. 따라서 그들은 이런 비용이 싼 지역에서 살

강남의 호화 아파트 69~97평의 대형 아파트 단지로, 평당 2937만 원에 분양되었다. 네 가지 형태의 정원과 각종 스포츠 시설을 갖추었다.

달동네의 골목 풍경 비좁은 동네여도 자투리 공간에 채소와 화초를 키우며, 이웃과의 정이 돈독하다.

아갈 수밖에 없다. 그런 곳은 산등성이나 산비탈 같은 높은 지대에 형성된 달동네나 하천 연안의 저습지 등 주거 환경이 열악한 곳이다.

개인 소유가 아닌 나라 소유인 땅은 임대료가 더 싸다. 게다가 무허가 불량 건축은 비용이 별로 안 든다. 그래서 가난한 사람들끼리는 나라 소유의 거의 버려지다시피 한 땅에 열 평 안팎의 무허가 주택을 짓고 여러 세대가 밀집해 산다. 이러한 집을 얻을 만한 전세금조차 없으면 보증금 얼마에 월세 얼마 하는 식으로 입주하여 사는 사람들도 있고, 골목에 있는 공동 수도 시설에서 물을 한 양동이씩 사다 쓸 수밖에 없는 사람들도 있다. 그리고 앞으로 자기 소유의 집을 마련할 수 있으리라는 희망조차 품지 못하는 사람들도 있다.

부자 동네는 위치 선정, 가로망, 주택 형태, 건설 시기 등에서 비교적 계획적으로 만들어진다. 이에 비해 가난한 동네는 자연 발생적이다. 길도 구불구불하고, 주택은 오랜 시간에 걸쳐 들어선다. 골목길을 계속 걷다 보면 막혀 있는 경우가 많다. 그리고 어느 방향으로 갈 때 어떤 길로 들어서야 할지 모르는 경우도 자주 있다. 그러나 어떤 건축가는 이런 동네야말로 인간적이며, 보존할 가치가 있다고 말한다.

사람들은 좁은 골목이지만 정성 들여 채소를 심거나 꽃으로 단장한다. 한 평도 채 되지 않는 좁은 공간이라도 비어 있으면 그대로 놓아두지 않으며, 그런 공간마저 없으면 화분에 화초를 심어 가꾼다. 그리고 낮은 지붕 위에 고추나 무말랭이를 널어 말리기도 한다. 좁은 골목길에서 동네 주민들끼리 앉아서 함께 일을 하는 모습을 보면 사람 사는 분위기가 난다.

한편 잘사는 사람들은 소득이 많아서, 땅값 비싼 지대라도 주거 환경이 좋으면 그곳에 들어가 산다. 그들이 모여 사는 지역은 주변 환경도 쾌적하고 교통이 편리하며 다양한 상품들을 두루 갖춘 상점들이 즐비하다. 게다가 의료·체육·놀이 시설뿐 아니라 교육 기관도 풍족하다. 이러한 시설이나 기관들은 주거 지역의 인구가 일정한 규모에 이르러야 들어설 수 있고, 수요가 뒷받침해 주어야 유지될 수 있다. 예컨대 강남의 번화가에 있던 고급 서비스업체가 같은 인구의 가난한 지역에 들어선다면 얼마 못 가 대부분 폐업할 것이다.

잘사는 동네 아이들과 가난한 동네 아이들은 성적을 비롯해 옷차림과 놀이 문화가 아주 다르다. 아이들 부모 세대 간에 학력, 소득의 차이가 크기 때문이다. 한 조사에 따르면, 21세기 초 전국의 파워엘리트(정치인, 법조인 등) 10만 명 가운데 반 이상이 서울에 집중해 있고 그중에 70% 정도는 강남 지역에 몰려 있다. 이 비율은 계속 높아지고 있다.

우리나라는 세계적으로 교육열 높은 국가로 꼽히는데, 특히 강남 지역에서 높다. 강남교육청 산하에 있는 강남구, 서초구의 학군을 '8학군'이라고 한다. 이곳은 명문 고등학교들이 집중해 있는데다 다른 지역에 비해 학부모들의 교육열이 드높고 학생들의 학구열도 매우 두드러진다. 부모 세대의 고소득이 교육 환경을 뒷받침해 주기 때문이다.

이곳의 학부모들은 자녀의 학교 성적을 올리려고 과외 교육에 시간과 돈을 적극적으로 투자하며, 입시 관련 정보를 입수하는 능력도 다른 지역의 부모들보다 탁월하다. 자녀의 영어 실력을 키우기 위해 값비싼 해외 어학 연수를 정기적으로 추진한다. 이곳의 학생들은 다른 지역에 비해 학교 성적과 명문대 합격률이 아주 높다. 부모 세대의 사회·경제적 지위가 자녀 세대의 진로와 미래에 영향을 미치는 것이다. 8학군 지역의 집값은 다른 곳에 비해 훨씬 비싸다. 같은 평수라도 서울의 다른 지역에 비해 세 배 이상 되는 것이 보통이다. 여건만 되면 너도나도 8학군의 교육 환경을 좇아 이사 오려 하기 때문이다.

잘사는 지역과 가난한 지역은 형성 배경과 환경, 생활상 등이 아주 다르다. 두 지역의 대조적인 모습은 동전의 양면과도 같다. 우리나라 사회 구조의 불평등하고 부도덕한 측면이 그러한 지역 분화를 가져온 것이다. 잘사는 지역의 과소비 원천은 사실 부동산, 주식 등 불로소득인 경우가 많다. 고위 공직자의 재산이 공개되었을 때, 공직자 대부분이 불로소득을 만들어 내는 부동산을 많이 갖고 있다는 사실이 드러났다. 재

강남 8학군의 학원가 서울 대치동의 어느 아파트 단지 상가에서 각종 학원들이 성업 중이다.

산을 공개하지 않은 강남 지역의 부자들은 그보다 훨씬 더 많이 갖고 있다. 심지어 어떤 해에는 일부 집단의 불로소득이 대한민국 전체 근로자의 총 소득보다 많았다. 정부 통계가 이러하니 실제의 불로소득은 더 클 것이다. 이 경우 소수의 불로소득자들은 온 국민이 생산한 재화와 서비스의 반을 거저 가져간 셈이다. 가난한 사람들이 정당한 노력으로 극복할 수 없는 이러한 차이 때문에 결국 부익부 빈익빈 현상이 심해진다.

멀리 타워팰리스가 보이는 가난한 마을 이곳은 타워팰리스에서 직선 거리 1.3km인 대모산 자락에 위치한 마을로, '서울의 마지막 달동네'로 불린다. 서울 올림픽 때 실시한 도시 미관 정비 사업으로 삶터에서 쫓겨난 사람들이 모여 살고 있다.

줄기세포와 나뭇가지

일제 강점기에 훼손된 우리 길

새마을운동은 암울한 군사 독재 정권 시절인 1980년대에 국민들이 정권에 동조하도록 이끄는 수단이 되는 등 막강한 힘을 발휘했다. 그 시절의 이야기가 드라마나 코미디의 소재로 자주 등장할 만큼 민주화된 오늘날에도 개발 독재의 잔재인 새마을운동 중앙협의회는 여전히 활동하고 있다.

우리나라 전통 가옥과 길, 마을을 허물고 들어선 '새 마을'들은 본래 일제 강점기에 만들어지기 시작했다. 그때는 주로 신작로와 철도역을 중심으로 만들어졌다.

일제 침략을 정당화하려는 불순한 일본인들 중에는 일본이 우리나라를 도와준 대표적인 사례로 '근대 교통의 개발'을 꼽는다. 우리나라에도 극히 일부지만 이러한 생각에 동조하는 사람들이 있다. 이들은 일제 침략 때문에 우리 민족이 많은 것을 빼앗기고 고통받았지만, 근대 교통의 개발은 동기야 어떻든 결과적으로 우리나라에 도움이 되었다고 생각하는 것이다.

그런데 이러한 인식은 교통의 의의가 무엇

새마을운동 "우리도 한번 잘 살아 보세."라는 구호를 외치며 초가집을 없애고 마을 길을 넓히는 데 치중했다. 이 과정에서 주민의 의사는 철저히 무시되었고, 마을 공동체가 파괴되었다. 사진은 1970년대 당시 박정희 대통령이 현장을 시찰하는 모습이다.

인지, 그리고 일제가 전개한 근대 교통의 개발 과정이 우리나라에 어떤 결과를 가져왔는지 제대로 살피지 못한 탓에 생기는 것이다.

흔히 교통 기관을 인체의 혈관에 빗댄다. 혈관은 우리 몸 구석구석에 산소와 영양분을 골고루 전달하여 건강을 유지할 수 있게 해 준다. 교통 기관도 혈관처럼 우리 국토의 곳곳에 재화와 인간이 두루 이동하게 하여 국토 이용의 효율성을 높이고, 국민들의 단결과 통합 의식을 높여 준다. 이 점은 교통 발달의 효과를 살펴보면 더욱 명확해진다.

교통이 발달하면 1일 생활권이 넓어지고 경제와 문화의 지역 간 차이가 줄어든다. 그리고 중앙의 정치적 이념과 정책이 전국에 잘 전달되어 보편화됨으로써 지역 감정이 많이 약해진다. 지난날 휴전선 앞에 있었던 "철마는 달리고 싶다."는 내용의 표지판이 우리 민족의 통일, 그리고 국토 이용의 효율성 극대화를 바라는 온 국민의 소망을 상징하게 된 이유가 바로 여기에 있다.

경의선 문산역이나 경원선 신탄리역에 세워져 있었던 그러한 내용의 철도 종단점 표지판은 이제 사라졌다. 남북 간 대립이 완화되면서 2000년 제1차 남북 장관급 회담을 통해 경의선 철도 연결 합의가 이루어지고, 2년 뒤 철도 연결 공사가 추진되었기 때문이다. 서울과 신의주

경의선 2001년 12월에 경의선 철도의 남측 구간 공사가 끝났다. 사진은 2002년 설날, 분단 이후 52년 만에 처음으로 열차(실향민을 위한 망배 열차)가 임진강 경의선 철교를 건너는 모습이다.

범례 (지도 내 표시)

- 봉수로
- 봉수로(간봉)
- 주된 역로
- ▲ 봉수 기점
- ▲ 봉수 종점
- ◦ 주요 지명

지도 내 지명:

건원보, 아오지, 행영, 회령, 경흥, 무산, 경성, 어유간보, 오촌보, 줄온보, 보로지보, 보화보, 심사파보, 만포진, 어면보, 심수, 강계, 감산, 서북진, 명천, 오올족보, 길주, 슬고개, 삭주, 의주(고장진), 의주(통군정), 정주, 영변, 안주, 북청(석룡), 함흥, 평양, 영흥, 황주, 안변, 안악, 철원, 해주, 양주, 개성, 무의산, 아차산, 강릉, 연평도, 교동, 개화산, 천림산, 한성, 원주, 괴태곶, 망이령, 충주, 마산, 평해, 흥주, 청주, 상주, 안동, 영해, 보령, 성주(각산), 영천, 경주, 옥구, 전주, 성주, 대구, 나주, 진주, 동래(자비도), 광주, 동래(다대포), 보성, 순천, 사량진, 가덕도, 거제, 병영, 남해, 진도, 돌산도

조선 시대의 방사형 교통로

를 연결하는 경의선 철도가 개통되면 남북한이 공간적 단절을 극복함과 동시에 심리적으로 화합하고 경제적으로 협력하는 데 박차를 가하게 될 것이다. 그리고 동북아시아의 경제 협력의 길도 더욱 확대되어 우리가 통일하는 데 유리한 환경을 조성할 수 있을 것이다.

교통을 개발하는 주체가 누구인가에 따라 그 효과가 긍정적으로 나타날 수도 있고, 부정적으로 나타날 수도 있다.

우리 민족이 주체였던 조선 시대까지 우리나라 교통로는 왼쪽 지도와 같았다. 즉 서울을 중심으로 주요 교통로가 방사형으로 발달되어 있는 모양이 마치 '줄기세포'와 같았다. 이러한 방사형 교통로는 우리 민족의 터전 곳곳을 고루 연결하고 있었다. 하지만 이러한 전통 교통로는 일제에 의해 거의 다 사라져서 흔적조차 희미해지고 있다.

일제는 우리나라를 침략한 이래 우리 고유의 교통로를 무시하고, 신작로와 철도 위주의 X자형 교통로를 만들었다. 식민지 침략과 수탈을 좀 더 원활하게 하기 위해서였다. 그들이 염두에 둔 것은 우리 민족의 삶이 아닌, 최소의 비용으로 최대의 착취를 할 수 있는 방법이었다. 우리나라와 일본, 만주를 연결하되 비용을 최소화할 수 있는 교통로 형태가 일본-부산-

190

서울-신의주-만주, 그리고 일본-목포-서울-경흥을 연결하는 X자형이었다. 일본의 위치가 지금과 달랐다면 또 다른 형태의 교통로가 만들어졌을 것이다.

일제의 식민 정책에 따라 새로 건설된 신작로와 철도는 몇 가지 특징이 있다. 첫째, 정치적·군사적 목적을 위한 항구와 내륙의 행정 중심지를 연결했다. 이로써 우리 민족을 효율적으로 통치하고, 우리나라를 발판으로 북방 대륙을 침략해 장악하려고 했다. 둘째, 우리나라 농산물을 쉽게 수탈할 수 있도록 농산물 생산지들을 연결했다. 셋째, 광물 자원을 마련하기 편리하게 광물 매장지와 생산지들을 연결했다.

그런데 이러한 교통로 건설 과정에서 교통의 중요 지점에 많은 일본인들이 거주했다. 우리 민족의 곱지 않은 시선을 불편해한 일본인들은 자기들끼리 모여 '새 마을'을 많이 만들고 살았다. 이 지역에는 지금도 '적산[적국의 재산] 가옥', 즉 일본인 소유였던 집들이 남아 있다. 이른바 '새 마을'이라는 일본인 거주지들이 X자형 교통로의 주요 지점에

일제 강점기에 세워진 대전역
과 역 근처의 적산 가옥

들어서자 그곳이 도시화되어서 급부상했다. 그렇게 새로 개발된 대표적인 지역은 신의주, 신탄진, 신태인, 대전, 점촌 등이었다. 한편 X자형 교통로에서 벗어난 공주, 의주, 탄진, 태인, 문경 등 많은 지역들은 쇠퇴했다. 이들은 조선 시대에 도시로 번성한 곳이었다. 결국 일제가 만든 교통로에 의해 우리나라의 많은 전통 도시들이 소외되어서 기능을 잃고 말았다.

방사형 교통로와 달리 일제가 만든 X자형 교통로는 수탈을 위한 공간 구조를 나타냈으며, 국토 발전에서 소외되는 지역을 낳았다. 그로 인해 지역 감정이 싹트게 되었으며, 결국 우리 민족이 단결하는 데 장애가 되어 국토 발전은 더더욱 불균형하게 전개되었다. 일제에 의한 근대 교통 개발이 끝내는 우리나라의 전통적인 공간 구조를 망가뜨리고 국토 발전까지 방해한 셈이다.

일반적으로 식민 지배를 받은 나라들의 교통로는 항구의 분산 입지, 항구와 내륙 도시의 연결 노선 구축, 지선의 발달 단계를 거쳤다. 이는 나뭇가지 모양을 나타낸다. 이어서 대도시 간의 상호 연결망 구축, 교통망 통합, 주요 교통축 등장 단계를 거쳐 모두 여섯 단계로 형성되었다. 우리나라 교통로도 개항 이후 일제 강점기 동안 이와 비슷한 단계를 거친 것으로 보인다. 현재까지 남아 있는 주요한 교통로의 축은 경부선이다. 이는 우리나라가 일제에 수탈당한 결과 국토 공간이 왜곡되었고, 식민지 지배 역사가 오늘날까지 공간적으로 영향을 미치고 있음을 뜻한다.

그러나 이러한 큰 틀 속에서도 우리 선조들은 왜곡된 공간 구조를 극복하려고 노력했으며, 그럴 만한 저력이 있었다. 이것은 아프리카, 인도, 남아메리카의 식민지 도시들과 다른 점이다. 예를 들어 인천과 군산은 식민지 수탈을 위한 나뭇가지형 교통로의 시작점인 항구 기능으로 성장했지만, 인천의 뒤에 있는 서울이나 군산의 뒤에 있는 전주가 더 큰 도시로 발전해 있고 오히려 인천과 군산은 서울과 전주의 관문 도시 구실을 하고 있다.

오늘날 우리나라에서는 그동안 극복하지 못했던 국토의 불균형 발전을 해결하기 위해 많은 노력을 기울이고 있다. 이러한 의지는 제4차 국토 종합 계획에 잘 담겨 있다. 이 계획의 가장 큰 목표는 개방 국토, 통일 국토, 녹색 국토, 균형 국토를 실현하는 것이다. 이와 같은 목표는 생산성과 국제 경쟁력을 강조하는 기업가의 관점과 꼭 일치하는 것은 아니어서 실현이 쉽지만은 않을 것이다.

정보의 홍수를 만끽하는 법

정보 공간 환경의 바람직한 통제

우리 주변은 수많은 정보로 이루어져 있다. 눈만 뜨면 정보들이 눈과 귀뿐 아니라 모든 감각을 통해 의식 속으로 들어오려고 한다. 상품 광고, 회사 이미지 광고뿐 아니라 행정·정치 선전도 홍수를 이룬다. 정치 관련 정보에는 보수적인 것이 있는가 하면 진보적인 것도 있다. 기업에 따라서는 광고비가 매출액의 반을 차지하기도 한다.

정보의 종류와 양은 지역에 따라 달라진다. 가난한 지역에 흐르는 정보와 부유한 지역의 공간을 차지하는 정보는 같지 않다. 교육학 이론에 따르면 부모의 사회·경제적 지위에 따라 아이들의 꿈도 다르다고 한다. 그런데 도시 내부 구조를 보면 주거지는 사회·경제적 지위에 따라 나누어지는 경향이 있다. 따라서 지역에 따라 아이들이 자라서 어떤 직업을 가지고 어떤 사회·경제적 지위를 누릴 것인지에 대해 이미 스스로 어느 정도는 한계를 그어 놓는 셈이다. 대학에 진학하고 외국에 유학 가며 사업체를 운영하는 것이 잘사는 동네 아이들에게는 어렵지 않게 여겨지지만, 가난한 지역의 아이들에게는 이루기 어려운 꿈이기 쉽다.

한 나라 안에서는 지역별 문화에 따라 정보에 차이가 있다. 그 지역의 전통과 풍습이 개인의 의식과 행동에 영향을 주기 때문이다. 한편 세계적 차원에서 개인이나 집단이 받아들이고 전파하는 정보의 종류와

양은 엄청나게 다르다. 사회 체제에 따라 사람들의 가치관이 달라지기 때문이다.

러시아에 진출한 우리나라 기업들 러시아는 사회주의 연방이었던 소련이 붕괴된 뒤 시장 경제 체제로 바뀐 나라여서, 우리나라 기업들이 진출한 초기에는 체제 차이에 따른 정보 공간 환경의 차이를 극복해야 했다.

예를 들어 오늘날 수많은 한국 기업들이 사회주의 국가에 진출해 그 나라 기업과 합작하고 그 나라 사람들을 고용하고 있는데, 두 나라가 익히 접해 왔던 정보가 달라서 어려움을 겪을 때가 많다. 사회주의 국가의 기업들은 이윤, 경쟁, 인센티브라는 개념과 관련 정보에 어두운 편이다. 그래서 자본주의 국가의 기업과 합작했을 때, 경영자들끼리 또는 조직원들끼리 조화를 이루지 못하여 조직의 생산성까지 떨어지기도 한다. 이럴 때 원만하게 기업 활동을 하려면, 서로 다른 체제에서 빚어진 정보들을 공유하면서 그 차이를 이해하고 합의점을 찾아 목표를 향해 나아가야 한다.

사람들은 저마다 처한 환경에서 자기에게 유리한 정보는 받아들이고 불리한 정보는 무시하는 경향이 있다. 예컨대 국내에 수입된 외국산 상품에 밀려 우리나라 제품의 생산이 악화되었을 때 "국산품을 애용해야 한다."는 선전용 정보가 퍼졌다고 하자. 그러면 우리 대부분은 그 정보를 무리 없이 받아들일 테지만, 우리나라에 제품을 수출한 나라에서는 그 정보를 달가워하지 않을 것이다. 실제로 칼라 힐스 전 미국 무역 대표부 대표는 우리나라의 국산품 애용을 "세계 평화와 질서를 깨뜨리는 국수주의"라고 비판한 적이 있다. 이처럼 처한 상황이 다르면 받아들이고 생산하는 정보가 달라진다.

예나 지금이나 국제 사회에서 영향력 있는 정보들은 미국에서 많이 나온다. 하지만 그중에는 잘못된 것들이 꽤 많다. 미국이 의도적으로 가공한 정보들 때문에 한 나라의 운명이 바뀐 예들도 적지 않다.

제2차 세계대전 후 남베트남과 북베트남이 전쟁을 벌이던 가운데, 1964년 베트남〔월남〕의 통킹 만에서 미국 군함이 북베트남의 공격을 받은 적이 있었다. 이 사건을 계기로 미국이 북베트남에 반격을 가하고 전쟁에 끼어들면서 베트남 전쟁이 본격화되었다. 그 당시 우리나라는 미국과의 경제적·군사적 우호 관계를 유지해야 할 상황에서 막상 미국이 군대 지원을 요청하자, 1964년 5월부터 8년 6개월 동안 파병을 했었다. 그런데 나중에 『뉴욕타임스』를 통해 놀라운 사실이 드러났다. 북베트남이 미국을 공격했다는 미국 정부의 발표 내용이 모두 거짓이었다는 것이다.

제2차 세계대전 후 세계의 냉전 구도에서 미국은 동남아시아의 공산화를 우려했다. 그래서 공산주의 진영인 북베트남에 의해 남베트남이 공산화될 위기 상황을 적극적으로 막으려 했다. 베트남 전쟁에 끼어들어 남베트남의 공산화를 원천 봉쇄하려니 빌미가 필요했다. 그래서 북베트남이 미국의 군함을 공격했다는 거짓 정보를 유포했다. 이것은 미국이 정보 조작으로 전쟁을 일으킨 대표적인 사례이다.

2003년 3월에 벌어진 미국의 이라크 침공도 베트남 전쟁의 도발과 맥락이 비슷하다. 미국이 이라크를 침공한 이유는 이라크가 국제 테러와 관련되어 있는데다 대량 살상 무기를 계속 제조하고 있다는 정보를 믿었기 때문이다. 그런데 이라크 침공 전 국제 사찰단이 조사한 바로는, 그 정보는 믿을 만한 근거가 없는 것이었다. 하지만 부시 대통령은 국제 사찰단의 조사 내용을 받아들이지 않았다. 이라크를 '악의 축'으로 규정하고, 이라크 침공은 곧 세계 평화에 이바지하는 길이라는 대외 명분을 내세워 이라크 전쟁을 일으켰다. 뒤늦게 자신의 잘못된 판단을 시인하긴 했지만, 이미 전쟁은 벌어졌고 미국이 무력으로 이라크의 정권 교체를 이룩한 뒤였다. 미국 정부는 여전히 미국 군대를 이라크에

베트남 전쟁에 참전한 한국군
베트남 전쟁으로 우리나라 군인들 5000여 명이 전사했고 1만 1000여 명이 부상당했으며, 8만여 명이 고엽제 후유증을 앓았다.

주둔시키고 있다.

이처럼 정보의 조작이나 왜곡, 또 그러한 정보에 대한 무비판적인 수
용은 엄청난 역사적 비극을 몰고 오기도 한다.

우리는 한 나라 안에서, 그리고 세계적 차원에서 정보 공간 환경
을 우리의 잣대에 맞추어 통제할 수 있어야 한다. 각 지역과 나라에
대한 정보를 판단하기 위해서, 그들의 진정한 삶을 이해하기 위해서
우리는 사고와 행동의 기준을 가지고 있어야 한다. 상품의 경우, 국
가 차원으로 공정하게 상품의 품질을 비교 분석해서 국민에게 광고
하는 제도가 확대되면 좋겠다. 선전과 광고는 필요하다. 선전과 광
고 자체가 나쁜 게 아니라 왜곡된 선전, 광고가 나쁜 것이다. 기업이
만든 상품에 대한 정보, 그리고 많은 단체와 정부가 선전하는 주장
과 주의는 공정하게 국민에게 전달되어야 한다.

공기처럼 우리를 둘러싸고 있는 정보는 국가 권력과 선진 자본주

의 국가, 자본가의 선전에 의해 왜곡되기 쉽다. 우리는 올바른 정보
를 얻기 위해 개인적으로나 사회적으로, 그리고 국가적으로 많은 노
력을 기울일 필요가 있다.

우선 먹기는 곶감이 달다

성장 거점 개발과 균형 개발

우리나라가 1960년대 이후 노동 집약형 경공업으로 산업화하기 시작했을 때, 공장들은 주로 서울과 부산, 대구 같은 대도시에 발달했다. 특히 서울에 집중했다. 노동력이 풍부하고 시장이 큰 서울에서 집적의 이익을 꾀했던 것이다.

그러나 노동 집약형 산업은 일한 시간에 비해 부가 가치가 낮다. 그래서 우리 정부는 1970년대부터 집적 이익이 큰 중화학 공업을 육성할 필요를 느꼈고, 특히 철강·기계 공업과 석유 화학 공업을 발달시켰다. 중화학 공업 단지는 기종점 비용을 줄일 수 있는 적환지에 입지하느라 주로 남동 연안 지역에 들어서게 되었다.

그런데 집적의 이익을 지향한 우리나라 산업의 역사는 결국 지역 발전의 불균형을 불러왔다. 정부가 산업이 발달한 대도시, 특히 서울과 부산 일대에 집중적으로 투자했기 때문이다. 세금은 온 국민이 냈지만 예산은 주로 대도시를 육성하는 데 쓰였다. 정부는 이러한 대도시가 성장하면 그 이익이 주변으로 파급되고, 마침내 우리나라 전국이 고르게 발전하게 될 것이라고 기대했다. 1970년대의 개발 방식을 '성장 거점 개발'이라 한다.

제1차 국토 개발 계획은 성공했다. 하지만 1980년대의 제2차 국토 개발 계획은 그렇지 못했다. 성장한 대도시의 이익이 주변으로 파급되지 않았기 때문이다. 오히려 제1차 국토 개발 계획이 끝나면서 새로운 문제가 대두했다. 집중적으로 육성한 지역은 더욱 성장하고, 그렇지 않은 지역은 더욱 쇠퇴하는 현상이 나타난 것이다. 특히 대도시와 농촌의 차이가 너무 크게 나타났다.

정부 주도의 산업화가 대도시 중심으로 이루어지자, 여기에서 소외된 지방의 중소 도시나 농어촌은 급격하게 정체되어 갔다. 투자가 이루어지지 않으니 토지나 인력 등 여러 자원들이 충분하게 활용되지 못해 생산성이 떨어지고, 그로 인해 소득이 낮아졌기 때문이다. 지역의 소득이 줄면 취업, 교육, 보건, 소비 등 생활 환경이 불리해질 수밖에 없다. 그래서 사람들은 너도나도 지역의 중심지, 특히 대도시를 향해

도시화로 쇠퇴한 농촌의 폐가
도시 중심의 산업화에서 소외된 농촌은 이농 현상이 심해져 폐가가 늘어 갔다.

떠나갔다.

이들이 대도시로 이주해 오자, 가뜩이나 산업의 과밀화로 집적 불이익을 겪고 있던 대도시는 인구 과밀화마저 발생해 집적 불이익이 매우 커졌다. 즉 땅값이 치솟고, 주택난과 교통난, 공해가 심각해졌다.

그래서 정부는 1980년대 후반 제2차 국토 개발 계획의 성장 거점 개발을 수정하여 국토를 고르게 발전시켜 나가려고 했다. 이를 '균형 개발'이라 한다. 1990년대의 제3차 국토 개발 계획은 처음부터 균형 개발에 기초해 수립되었다. 이는 수도권의 개발을 제한하고, 지방을 균형 있게 발달시키며, 삶의 질을 높이기 위해 환경 문제의 해결에도 관심을 갖겠다는 의지가 담긴 것이었다.

국토의 균형 개발에 큰 문제가 생긴 것은 지난 1990년대 김영삼 정권의 문민 정부 시절이다. "우선 먹기

대도시의 교통난 아침마다 도심 방향 차선에 출근길 차들이 몰려 정체가 심하다.

는 곶감이 달다."라는 속담처럼, 1990년대에 새로 들어선 이른바 문민 정부는 앞으로 꾸준히 균형 개발에 전력해야 하는 목표를 제쳐둔 채 당장 눈앞에 보이는 결과에 집착해 집적 이익을 추구했다.

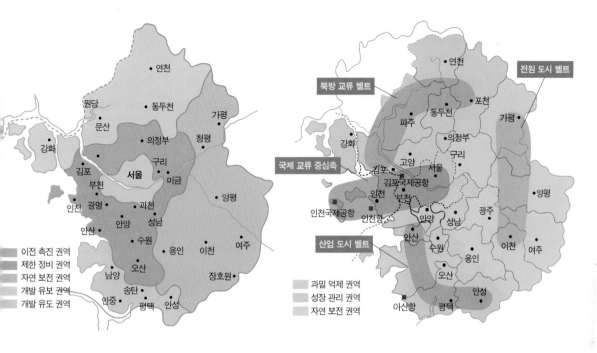

문민 정부 출범 전의 수도권 정비 계획도(왼쪽)와 출범 후의 수도권 정비 계획도(오른쪽)

예를 들어 문민 정부는 성장·개발 지상주의를 앞세워 수도권에 인구와 산업을 더욱 집중시킬 계획을 세웠다. 이에 따른 첫 계획 중 하나가 기존의 수도권 정비 계획을 바꿔, 수도권을 '과밀 억제 권역'과 '성장 관리 권역'으로 나누는 것이었다. 그래서 많은 지역이 성장 관리 권역에 포함되어 수도권 개발이 좀 더 자유로워지게 되었다. 결국 과밀화로 인한 집적 불이익 문제가 더욱 심각해졌다. 심지어 식수를 비롯한 각종 사용수의 오염까지 감수하면서 한강 중상류 유역을 개발하려고 했다.

원래 문민 정부 이전까지 한강 중상류 유역은 기존의 수도권 정비 계획상 물 보호를 위해 자연 보전 권역으로 지정되어 있었다. 이 권역에서는 축사나 공장, 도시의 건설이 제한되어 있었다. 따라서 이곳의 주민들은 서울 사람들 때문에 개발이 제한되어 소득을 올릴 수 없다는 불만을 품고 있었다. 그런데도 정부는 수도권 2000만 주민의 식수와 사용수가 더럽혀지지 않도록 오랫동안 자연 보전 권역을 유지해 왔다.

　그러나 문민 정부가 기존의 수도권 정비 계획을 수정하는 바람에, 그동안 물을 보호하려고 유지해 온 자연 보전 권역 가운데 많은 곳이 성장 관리 권역으로 바뀌었다. 이제 이 지역에 축산 시설과 공장, 도시가 들어설 수 있게 되었다. 개발을 위해 자연 보전 권역을 없앤다는 정책이 발표되자마자 전국의 일간지들은 사설을 통해 강하게 비판했다. 며칠 뒤 정부는 자연 보전 권역은 남겨 놓겠다고 발표 내용을 수정했다. 그렇더라도 자연 보전 권역에 대한 규제는 아주 큰 폭으로 완화되고 말았다.

　성장 거점 개발이 불러오는 집적 불이익의 문제와 부의 지역적 불균형 문제는 현재까지도 우리나라가 해결해야 할 부분으로 남아 있다.

　수도권의 지방 정부, 그리고 기업들은 현재 중앙 정부에 수도권 규제 완화를 강력하게 요구하고 있다. 수도권 지방 정부와 기업들의 이

생활 하수에 오염되어 거품이
가득한 한강

러한 요구도 일리가 있다. 우리나라 지식 정보 산업의 중심으로 많은 첨단 산업이 발달해 있는 서울과 경기도는 각종 연구소, 대학, 기업들이 서로 모여 지식과 정보가 서로 교류될 필요가 있기 때문이다. 그러나 그렇게 할 경우 수도권에 비해 지방이 더욱 뒤떨어지게 되므로, 지방 정부의 자치 단체장들은 합심하여 이러한 요구에 강력하게 반발하고 있다. 현재 지방은 인구가 계속 빠져 나가고 있어 공동화 현상이 나타나는 지역도 있다. 특히 청장년층이 부족하여 활력이 부족한 경우가 많다.

지방은 고장의 특성을 살리는 농업과 축산업, 그리고 관광 산업을 중시하고 있다. 그리고 일정한 곳을 중심으로 산업 클러스터를 만들어 경제 성장의 원동력으로 삼으려는 시도를 하고 있다. 그러나 지방은 첨단 산업의 기반이 약하여 그 전망이 밝지만은 않다. 중앙 정부와 지방 정부, 그리고 기업들은 서로 협력하여 나라 전체의 생산력을 올리면서, 동시에 지방의 주민들도 고장에 애착을 갖고 살아갈 수 있도록 하는 정책을 마련해야 한다. 물론 삶의 질을 높이기 위해 환경 보전과 조화를 이루도록 하는 노력도 필요하다.

다섯째 마당

환경과 인간

빵은 부식, 고기가 주식

물고기 한 마리에 아이 하나

해외 여행하는 애물단지

반갑게 맞았던 갈바람

더워지는 지구

빵은 부식, 고기가 주식

먹을거리 생산과 환경 문제

사람들은 흔히 유럽인과 미국인의 주식이 빵일 것이라고 생각한다. 정말로 그럴까?

1990년의 1인당 고기 소비량을 살펴보면 미국은 112kg, 한국은 19kg, 인도는 2kg이었다. 그리고 2005년에 국제 학회에서 발표한 예측 자료에 따르면, 연간 1인당 고기 소비량은 북아메리카가 121kg, 서유럽이 93kg, 아시아는 36kg이었다. 세계적으로 고기 소비량이 늘고 있는데, 특히 유럽과 미국의 소비량 증가가 두드러진다.

미국에서는 네 명으로 이루어진 한 가족을 기준으로 할 때 1가구당 하루 평균 세 근(약 1.8kg)의 고기를 소비한다. 미국의 1인당 고기 소비량은 우리나라의 1인당 쌀 소비량보다 1.5배 많다. 우리나라 사람들이 밥을 한 그릇 먹을 때 미국인들은 고기를 한 그릇 반 먹는 셈이다. 그러고 보면 유럽이나 미국 사람들에게 주식은 고기인 셈이다. 빵은 오히려 부식에 가깝다.

미국인들은 많이 먹는다. 게다가 햄버거나 프라이드치킨 같은 패스트푸드를 즐겨 먹어서 비만증이 사회 문제가 된 지 오래이다. 고대 로마 제국 사람들도 많이 먹었다. 맛있는 음식을 계속 먹으려는 욕심이 지나쳐서, 배가 불러 더 이상 먹을 수 없으면 새의 깃털을 목에 넣어 먹은 것들을 게워 내고 다시 새 음식을 먹기까지 했다. 그런데 로마 제국과 미국은 공통점이 있다. 시대만 다를 뿐, 둘 다 세계에서 패권을 장악한 초강대국이라는 점이다.

흔히 고기를 많이 먹을 수 있다는 것은 사회·경제적 지위가 그만큼 높다는 뜻을 내포한다. 하지만 고기를 너무 많이 먹으면 건강을 해칠 뿐 아니라 환경에 나쁜 영향을 미친다. 고기나 유제품에 들어 있는 농축 단백질과 포화 지방은 심장병, 뇌졸중, 유방암, 결장암 등 여러 질병을 일으키기 쉬운 물질들이다. 실제로 이와 같은 질병들은 고기를 많이 먹는 경제 선진국에서 주로 발생하고 있다.

게다가 대량 생산 방식으로 고기를 생산하는 축산업에서 생긴 많은 배설물들은 공장 폐수나 생활 하수 못지않은 물 오염의 주범이다. 그리고 일부 지역에서는 고기 소비량이 증가함에 따라 생산을 늘리려고 숲을 초지로 바꾸어 목장이나 사료용 곡물의 경지로 만든다. 예를 들어 세계적으로 유명한 어느 햄버거 회사가 그러한 초지를 마련하겠답시고 아마존 강 유역의 열대 우림을 없애고 있다. 그래서 "숲의 햄버거화"라는 말이 생겨났다. 인간이 고기를 먹으려는 욕망에 사로잡혀 자연 환경을 파괴하는 현상을 단적으로 표현한 말이다.

사실 고기를 얻기 위한 가축 사육은 토지 생산성이 매우 낮다. 드넓은 사료용 곡물 경지에서 생산되는 고기의 양이 턱없이 적은 것이다. 고기를 생산할 때 소비되는 사료용 곡물의 양을 살펴보면, 쇠고기 1kg 생산에 6.9kg, 돼지고기 1kg 생산에 4.8kg이다. 전 세계 곡물 생산량의 40%가 가축의 먹이로 쓰이고 있으며, 미국에서는 그 비율이 90%나 된다. 같은 면적에 곡물을 심을 경우 얻을 수 있는 열량이 고기를 생산해서 얻는 열량보다 훨씬 높다.

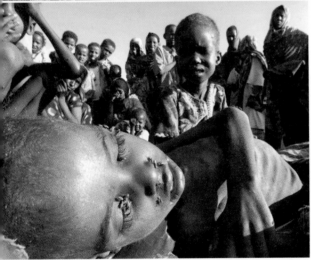

한편 육식 중심으로 생활하고 있는 경제 선진국에서는 남아도는 농산물을 처리하느라 골머리를 앓고 있다. 농산물 생산량이 수요량을 훨씬 웃돌기 때문이다. 그래서 몇몇 국가에서는 생산자가 농사를 짓지 않는 대가로 정부에서 돈을 주는 보상 제도를 도입함으로써 농산물의 시장 가격을 안정화하기도 한다. 심지어 어떤 국가에서는 시장 가격을 조정하기 위해 남는 농산물들을 땅에 파묻어 버리거나 불에 태우는 경우도 있다. 지구의 수많은 지역에서 사람들이 굶주림에 시달리고 있는 상황과는 아주 대조적인 모습이다.

고기는 생명 유지에 긴요한 고급 단백질을 제공하므로 육식 생활은 필요하다. 그런데 지나친 육식 생활의 단면을 찬찬히 살펴볼 필요가 있다. 인간이 자신의

먹을거리 과잉과 부족 유럽에서는 많은 자본과 현대화된 농업 기술로 먹을거리가 넘쳐나지만(위), 아프리카에서는 잦은 자연 재해와 내전으로 굶주림이 끊이지 않는다(아래).

욕구를 만족시키느라 지구 생태계를 외면하고, 잘사는 사람들이 자기 배를 불리기 바빠 굶주린 사람들에게 무관심한 것은 결코 그냥 넘어갈 문제가 아니다.

물고기 한 마리에 아이 하나

원주민의 생존권과 생물 다양성

지구상의 수많은 소수 민족 원주민들은 인권과 생존권을 침해당하면서 살아 왔다. 국제연합[UN]은 그들을 보호하려고 1993년을 '원주민의 해'로 지정했었다. 이는 원주민들의 인권과 생존권을 보호하고, 나아가 모든 인간의 사람됨과 품위를 북돋기 위해서였다.

원주민들은 처음부터 이렇게 보호받아야 할 만큼 살기 어렵지 않았다. '지리상의 발견'이 시작된 이래 백인을 비롯한 힘센 집단에게 사기와 폭력으로 땅과 자원을 빼앗기고, 죽임을 당해 수적으로 열세가 되면서 살기 어려워진 것이다. 다음은 독일의 한 지리 교과서 내용 중 일부분이다. 영국인들이 북아메리카 원주민의 땅을 차지해 가는 과정이 잘 나타나 있다.

1776년 미국은 영국 식민지에서 벗어나 '아메리카 합중국'으로 독립할 것을 다음과 같이 선언했다.

"우리는 다음의 사실을 자명한 진리로 확신한다. 즉 모든 인간은 평등하게 창조되었고, 누구에게도 넘겨줄 수 없는 천부의 권리를 조물주로부터 받았으며, 그중에는 생명과 자유와 행복을 추구할 권리가 포함되어 있다."

그 무렵 북아메리카 미시시피 강 서부에 광대하게 펼쳐져 있던 온대 초원[프레리]은 유럽인에게 잘 알려져 있지 않았다. 영국에서 이주해 온 미국인들은 1800년쯤에야 처음으로 그곳에 들어갔다. 그리고 들소를 사냥하며 살아가는 원주민들을 처음 만났다. 원주민의 규범에 따르면 땅은 사냥이나 농사에만 사용할 수 있을 뿐, 남에게 팔거나 물려줄 수 없었다. 그래서 영국의 이주민들은 원주민들과 토지 소유에 관한 많은 계약을 맺어야 했다. 그러나 얼마 뒤 영국 이주민들은 숱한 계약들을 일방적으로 파기하면서 원주민 소유의 토지들을 무력으로 모조리 빼앗았다. 원주민들도 무력으로 저항하면서 혈전을 벌였으나, 끝내 멸족하거나 쫓겨나고 말았다.

북아메리카 원주민들의 터전
유럽인은 북아메리카 이주 초기에 원주민의 호의를 받으면서 원주민 소유의 터전 일부를 계약(위)에 따라 얻으며 정착했다. 그러나 얼마 뒤 모든 계약을 파기하고, 원주민들을 척박한 땅(아래)으로 내쫓았다.

북아메리카 원주민들은 위와 같은 과정을 통해 대대로 살아 온 터전을 잃어 버렸다. 유럽 이주민들은 살기 좋은 땅들을 다 차지했고 살아남은 원주민들은 살기 어려운 척박한 땅으로 쫓겨나 근근이 살아가게 되었다. 옛날에 부족끼리 단란하게 모여 살던 원주민들은 오늘날 열악한 거주지에서 수백 명, 많으면 수백만 명씩 흩어져 살고 있다. 그런데 오늘날에도 원주민들이 그나마 터를 닦고 사는 땅을 미국인들이 강제로 빼앗고 있다.

원주민들의 생존권을 보장하면서 거주의 자주성과 독립성을 인정하는 것은 생태계의 생물 다양성 보전에 크나큰 도움이 된다. 원주민들은 아주 오랫동안 자연 환경과 조화를 이루며 살아가는 법을 터득하고 몸소 실천해 왔기 때문이다.

다음은 앞서 말한 지리 교과서에서, 유럽 이주민들이 아메리카 원주민들을 몰아내고 개척하면서 자연 환경을 파괴한 과정을 설명한 부분이다.

유럽 이주민들은 경지를 넓히기 위해 아메리카의 무성한 숲들을 마구 없애 버렸다. 비옥했던 땅들은 목화를 심자 황폐해졌고, 방풍림을 없애자 거센 바람이 기름진 흙들을 휩쓸고 가서 모래밭이 되었다.

콜럼버스는 아메리카를 처음 보았을 때 수풀이 우거진 풍경이 온통 초록빛으로 아름다워서 무척 감동했다고 한다. 유럽인들은 아메리카의 수많은 생명, 즉 원주민, 들짐승, 날짐승, 물고기, 풀과 나무를 모조리 없애 버렸다. 결국 아메리카는 몹쓸 땅, 버림받은 땅이 되고 말았다. 맑게 흐르던 시냇물은 유럽인들이 버린 오물로 더럽혀졌고, 초록빛 땅은 벌거벗은 황무지가 되어 버렸다. 아메리카 원주민들에게는 유럽의 이주민들이 자연의 모든 것, 다시 말해 나무가 우거진 숲과 새와 짐승, 그리고 풀이 우거진 늪과 물과 흙, 그리고 대기에 이르기까지 모든 것을 미워하는 것처럼 보였다.

지리상의 발견과 산업혁명, 그리고 이후에 급속하게 전개된 기술 문

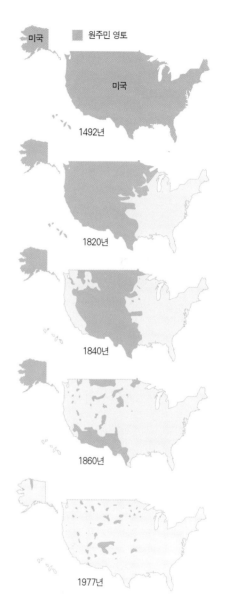

북아메리카 원주민의 영토 축소 과정 많은 부족이 더불어 살아갔던 영토를 유럽 이주민들에게 빼앗기고, 현재는 거의 일부 부족만 몇몇 보호 구역에서 살아가고 있다.

명의 발달을 거치면서 지구의 자연 환경은 심하게 파괴되었다. 그나마 최근 들어 전 세계에서 '지속 가능한 개발', '환경 용량' 같은 개념을 인식하면서 자연 환경과 생물 다양성 보전에 애쓰고 있다.

그런데 이러한 환경 보전 개념과 노력은 아메리카를 비롯한 세계 각지의 원주민들에게 오래전부터 생활화되어 있는 것이다. 아메리카 원주민은 잘 가꾼 숲을 후손에게 물려주는 전통을 유지하고 있고, 또 아프리카 케냐 사람들은 땅이란 후손들에게서 잠시 빌려 쓰는 것일 뿐이라는 믿음을 갖고 땅을 건강하게 지키며 살아 왔다. 그 밖에도 여러 원주민들은 생태계를 해치지 않으면서도 삼림, 초지, 경지, 어장 등을 가꿀 수 있는 방법과 기술을 많이 쌓아 왔다.

브라질 아마존 강 유역의 어느 부족은 주로 창이나 활을 이용해 물고기를 잡는데, 식구들이 하루 세 끼 먹을 만큼만 사냥한다. 지금의 터전을 후손들이 평생 먹고살 수 있는 곳으로 유지하기 위해, 자원이 고갈될 만큼 필요 이상으로 사냥하지 않는 것이다.

아마존 강 어떤 유역에는 큰비에 강물이 넘쳐흐를 때마다 물에 잠기는 저지대 평원이 있는데, 그 일대에 사는 투카노족은 그곳의 강줄기들을 물고기의 안식처로 보고 고기잡이를 철저히 금한다. 실제로 이러한 금지령이 잘 지켜지고 있다. 물고기의 안식처에서 사냥을 하면 물고기 조상들의 영혼이 노여워해서, 물고기 한 마리 사냥에 투카노족 어린이 한 명이 죽게 된다고 믿기 때문이다. 캐나다의 태평양 지역에 사는 웨트수웨튼족과 기트산족은 연어가 자기 몸을 인간의 식량으로 기꺼이 제공하지만, 인간이 연어를 너무 많이 잡거나 서식지를 파괴하면 무서운 벌을 내린다고 믿는다.

오랜 세월 초원 지대에서 살아가고 있는 원주민들은 풀을 보호하는

아마존 강의 열대 우림 이곳의 원주민들은 많은 생물의 정보를 대대로 축적하면서 자연과 조화롭게 사는 법을 실천하며 살아 왔다. 이곳은 오랜 세월 생물 다양성의 보고였으나, 근래 들어 다목적 개발로 점점 훼손되고 있다.

야노마미족 아마존 강 유역의 최대 원시 부족이다. 1960년대에 가림페이로스(범법 금·보석 채굴자)와 인류학자들에게 발견되면서 수천 명이 죽는 수난을 겪었다. 현재는 여성 부족원과 브라질 군인 사이의 혼혈아가 늘고 있어 단일 혈통과 전통 생활이 파괴되고 있다.

법을 잘 안다. 풀을 가축들에게 마구잡이로 먹이지 않고, 풀이 개체를 번식하면서 계속 자랄 수 있는 시간적 여유를 두는 것이다.

아프리카 빅토리아 호수 남쪽에 사는 수쿠마족은 30~50년 주기로 방목지를 순환한다. 그리고 니제르에 사는 자가와족은 우기에 낙타와 양들을 사하라 방목지로 몰고 가면서 풀을 어느 정도 남겨 놓는다. 그럼 되돌아올 무렵에 남은 풀들이 번식해서 가축들이 다시 한 번 먹을 수 있다. 후라니족도 우기에 가축들을 몰고 니제르를 떠나 다른 방목지로 간다. 그러다가 건기 초기에 돌아오는데, 이때 가축 수천 마리를 몇 차례로 나누어 몰고 온다. 이렇게 하면 풀이 한꺼번에 많이 뜯기지 않아서 초원 생태계가 유지될 수 있다.

그런데 외부 세력이 침략해서 생태계 보전의 지혜를 갖고 있는 원주민들이 정작 거주지를 자주적·독립적으로 관리하지 못하면 상황이 달라진다. 생태계 파괴는 물론 원주민 고유의 문화도 사라져 버린다. 실제로 잘 알려지지 않은 원주민 거주지로 유럽인들이 들어가 그곳의 자원을 수탈하려고 했을 때, 유럽의 식품이나 옷 같은 소비재를 얻으려고 원주민들이 희귀한 약재나 모피, 광물 등을 헐값에 팔아넘기기도 했다. 그러면서 서서히 원주민들의 전통적인 자급 경제와 공동체 문화가 사라져 갔다.

최근까지도 원주민들은 '문명인'이라고 자부하는 외부 침략자들에 의해 많은 것을 속수무책으로 빼앗겼다. 페루 고원 지대의 케추아족은 수백 년 전 말라리아의 특효약인 퀴닌을 유럽인들에게 알려 주고 제공했다. 그 덕분에 세계 곳곳의 수십억 사람들이 말라리아의 고통에서 헤어날 수 있었다. 하지만 유럽인들은 원주민들의 호의에 전혀 보답하지 않았다. 오히려 원주민들의 생존이 위험해질 만큼 그들의 자원을 더 심하게 수탈했다.

가이아나의 마쿠시족도 1812년 영국의 박물학자인 찰스 워더튼에게 한 비법을 소개했다. 그들이 입으로 불어서 쏘는 화살촉에 늘 쓰던 독의 성분과 효과를 알려 준 것이다. 그 정보를 토대로 찰스를 비롯한 영국의 과학자들은 질병의 치료제를 개발했다. 하지만 그 대가는 삶의 터전을 빼앗기는 것이었다. 필요한 것만 취한 영국인들 때문에 마쿠시족은 땅도 빼앗기고 전통 문화의 맥도 끊어지게 되었다. 이들은 현재 화살을 만드는 법조차 잊어 버린 채 비참하게 살아가고 있다.

원주민들은 자연에 대한 윤리적인 태도, 후손과 공동체에 대한 헌신 등 소중한 가치들을 소박하게 지켜 왔다. 세계적으로 소비 문화와 개인주의가 팽배한 오늘날 바람직한 미래상을 구상할 때, 원주민들의 고유한 생활 방식은 많은 지혜를 불러일으킨다. 그동안 원주민들의 삶은 물질만능주의의 희생양이 되어 많이 파괴되었다. 하지만 물질만능주의, 또 그로 인한 환경 파괴 같은 병폐를 극복하려 할 때 원주민들의 삶은 자꾸 되돌아보고 되살릴 만한 가치가 있다.

해외 여행하는 애물단지

쓰레기 발생과 처리 문제

머지않아 학생들 사이에 이런 대화가 오가지 않을까?

"넌 무슨 학과에 들어갈래?"

"쓰레기학과."

"야, 너 정말 공부 열심히 해야겠구나. 경쟁률이 꽤 높잖아."

날이 갈수록 쓰레기가 엄청나게 생겨 처치하기 곤란한 지경이니, 언젠가는 '쓰레기학과'라는 독립적인 학과가 생길지도 모른다. '쓰레기학과'의 분과로 '쓰레기지리학'이 있다면 연구 주제는 무엇일까? 쓰레기의 종류와 양은 지역에 따라 차이가 나는가, 그렇다면 어떻게 차이 나는가, 그리고 그 이유는 무엇인가, 지역의 경제 성장률과 쓰레기 배출량은 어떤 상관 관계가 있는가 등이 될 수도 있겠다.

사람들은 쓰레기를 싫어한다. 그러면서도 쓰레기를 많이 배출하는 사람들을 존경하고 부러워한다. 세계에서 가장 쓰레기를 많이 만들어 내는 나라는 세계에서 가장 부유한 미국이다. 그 나라 사람 한 명이 만들어 내는 쓰레기의 양과 종류는 아프리카 사람의 수백 배가 된다. 그렇지만 그들은 쓰레기를 많이 배출하지 못하는 가난한 나라의 사람들을 얕잡아 본다. 자본주의 체제에서 기업이나 나라는 경쟁 상대에게 이겨야 한다. 그러려면 사람에게 진정 필요한 것이 무엇인지 고민하기보

다 상품에 대한 사람의 욕망과 수요를 새로 창출해 무조건 많이 팔아야
한다. 그 결과 귀한 자원이 낭비되고 쓰레기가 더욱 많이 생겨난다. 국
내총생산이 높아질수록 쓰레기 산도 높아지고 많아진다.

우리나라에서 대규모 쓰레기 매립장으로 널리 알려진 곳은 '난지도'
였다. 난지도[蘭芝島]의 '난지'는 '난초[蘭草]'와 '지초[芝草]'를 통틀
어 가리키는데, 흔히 '아주 아름답다'는 뜻을 빗대어 표현하는 말로 쓰
인다. 난지도는 실제로 향긋한 난초와 지초뿐 아니라 온갖 꽃들이 만발
해 아름다웠던 곳이다. 김정호가 만든 지도 「경조오부도」나 「수선전도」
에는 '꽃이 피어 아름다운 섬'이라는 뜻의 '중초도'로 표시되어 있다.
이중환의 『택리지』에는 난지도가 사람 살기 좋은 터의 조건을 두루 갖
춘 곳이라는 설명이 들어 있기도 하다. 1970년대까지 학생들의 소풍
장소, 청춘 남녀들의 데이트 장소로 인기를 끌었고, 잘나가는 영화배우
같은 유명인들이 별장을 지어 살기도 했다.

그토록 아름다웠던 난지도가 어떻게 '쓰레기산'으로 전락했을까?

1970년대 말 서울은 급격한 도시화와 산업화로 인구와 산업이 밀집
했고, 그로 인해 갈수록 넘쳐나는 쓰레기를 감당할 길이 없었다. 그 당
시 쓰레기 매립장으로 사용중이던 잠실동, 장안동, 상계동 등에 쓰레기
가 가득 차자 대규모 쓰레기 매립지를 찾아야 했는데, 서울 시내의 외
곽에 위치하면서 교통이 편리해야 하는 조건을 만족시키는 곳이 바로
난지도였다. 꽃들이 흐드러졌던 난지도는 1978년 3월부터 쓰레기 매
립장이 되어 10여 년 새 높이 약 100m의 쓰레기산 두 개로 변해 버렸
다. 경제 성장을 거듭할수록, 우리의 소비 문화가 확대될수록 난지도의
쓰레기 산은 점점 커져 갔다.

난지도는 쓰레기 때문에 늘 악취와 먼지, 해충이 가득했고 메탄으로

인한 화재가 15년간 1400여 건이나 발생하기도 했다. 여러 모로 위험해진데다 기술적으로 쓰레기를 위로든, 옆으로든 더 이상 쌓을 수 없게 되자 1990년대 들어 폐쇄되었다. 이후 버려진 땅이 된 난지도는 생태 공원으로 탈바꿈시키는 공사를 진행한 끝에 이름에 걸맞은 풍경을 되찾아 가고 있다.

이미 산업화와 도시화로 많이 생겼고 앞으로도 꾸준히 생길 쓰레기는 도대체 어디로 가야 할까?

세상에 쓰레기를 좋아하는 사람은 없다. 또 쓰레기를 받아들이고 싶어하는 곳도 없다. 하지만 쓰레기는 반드시 어디론가 가야 한다. 우리나라에서 쓰레기 매립지를 선정하는 과정에는 후보 지역 사이에 힘겨루기가 심하다. 결국 힘이 약하거나 정부의 혜택을 받기로 한 지역이 매립지로 선정된다.

미국에서는 현재 원자력 발전소를 짓지 못하고 있다. 그렇게 된 계기는 1979년 스리마일 섬의 원자력 발전소에서 일어난 사고이다. 냉각 장치가 파열되는 바람에 많은 양의 핵연료가 누출되어 주민들의 대피 소동이 있었다. 미국의 원자력 발전 역사상 가장 큰 사고였던 이 일을 계기로, 이후 주민들

난지도 (위부터) 1957년 지도에 표시된 모습, 쓰레기 매립장이던 1990년대의 모습, 생태 공원으로 조성된 현재의 모습

의 거센 항의에 부딪혀 원자력 발전소를 하나도 세우지 못하게 되었다. 스웨덴에서도 국민투표 결과 원자력 발전소를 세우지 않고 있다.

사람들이 원자력 발전소 건설에 강하게 반대하는 이유는 폭발이나 핵연료 누출 같은 사고도 두렵지만, 핵폐기물의 위험을 알기 때문이다.

원자로의 수명은 30년밖에 되지 않아서, 사실 원자력 발전소 자체가 머지않아 쓰레기가 된다. 그런데 이러한 핵폐기물에서 생명을 위협하는 방사능이 유출되며, 핵폐기물을 안전하게 처리하는 데 상당한 비용이 들어가는데도 마냥 안심하기가 어렵다.

경제 선진국에서는 처치 곤란하거나 위험한 쓰레기들을 후진국에 돈을 주고 떠넘긴다. 유럽의 여러 나라들은 아프리카 서해안의 나라들을 처리장 삼아 쓰레기를 내보냈다. 법에 따라 쓰레기 배출을 엄격하게 통제하는 경제 선진국들의 기업은 비교적 규제가 약한 나라에다 공장을 세우기도 한다. 만들어 내기는 쉬워도 처리하기는 어려운 쓰레기. 그야말로 애물단지인 쓰레기도 자길 받아 주는 곳을 찾아 해외 여행까지 하는 세상이다.

핵폐기장 건설을 반대하는 부안 군민들의 벽화 시위

반갑게 맞았던 갈바람

중국의 산업화와 우리나라

'갈바람'은 서풍을 가리키는 순 우리말이다. 앞에 붙은 '갈'에는 '작은' 이라는 뜻이 있는데, 이렇게 이름에서도 알 수 있듯이 본래 서풍은 그다지 위력 있는 바람이 아니었다. 그런데 오늘날에는 심각한 골칫거리를 떠안기는 바람이 되었다.

세계에서 인구가 가장 많은 중국은 인구 조사를 정확히 할 수가 없어서 소금 같은 필수품의 사용량을 조사해 인구를 추정하기도 했다. 957만 2900km²의 면적에 달하는 국토, 2003년 기준으로 13억에 육박하는 인구, 무한한 자원을 자랑하는 중국은 세계에서 발전 가능성이 가장 높은 나라로 꼽히고 있다. 제2차 세계대전 이후 공산화된 중국은 경제 성장 속도가 아주 더뎠다. 그러나 1970년대 이후 개방화 정책이 성공적으로 진행됨에 따라 경제가 빠르게 성장하기 시작했다. 최근에는 그 속도가 더더욱 빨라지고 있다.

중국인들은 산업화, 근대화를 이루기 위해서라면 웬만한 고통과 희생은 감수할 각오가 되어 있다고 한다. 이제 중국은 우리나라의 가장 큰 수출 경쟁국으로 떠오르고 있다. 우리나라 무역진흥공사가 63개국 2133명의 해외 바이어를 대상으로 실시한 '해외 바이어가 본 한국 상품'이라는 설문 조사에 따르면, 해외 바이어 21%가 한국 상품의 수입

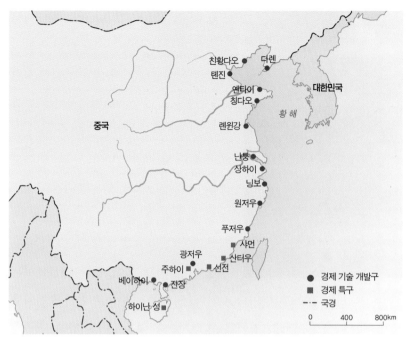

을 줄이거나 중단하고 대신에 중국 상품을 수입하겠다는 의사를 밝혔다고 한다.

중국의 산업화를 이끄는 주요 공업 지역은 위의 지도에 표시되어 있듯이 주로 중국 대륙의 동쪽, 우리나라와는 황해를 사이에 두고 인접한 지역에 집중되어 있다. 더욱이 선진 자본과 기술을 도입하기 위해 자본주의 국가와 똑같은 경제 활동을 보장하는 경제 특구 지역들도 동쪽 해안에 집중되어 있다.

중국의 주요 공업 지역이 우리나라와 황해를 사이에 두고 인접해 있다는 지리적 조건이 바로 우리나라 사람들의 이마에 깊은 주름을 만들고 있다. 왜냐하면 중국의 공업 지역에서 흘러 나오는 폐수가 황해를 더럽히는데다, 그곳에서 오염된 대기가 우리나라로 이동해 오기 때문이다.

위성으로 촬영한 황사 이동 모습

중국 대륙의 사막이나 황토 지대에서 불어오는 황사 바람은 서풍을 타고 우리나라로 이동해 오면서 중국의 공업 지역을 거치게 된다. 이때 다이옥신을 비롯한 아황산가스, 중금속 등 여러 가지 해로운 물질들을 함께 싣고 온다. 이러한 황사 바람 때문에 우리나라 대기가 심각하게 오염되고 있다. 게다가 중국의 사막화로 인해 황사 피해가 더더욱 심해질 전망이다. 최근 들어 중국 대륙에서는 사막이 해마다 30ha씩 늘어나고 있다. 서울을 기준으로 황사 출현일을 비교해 보면, 1990년에 3일이었는데, 2005년에는 13일이었다.

우리나라는 북반구의 중위도에 위치해 있으므로 대기권 상층부에서 탁월풍인 편서풍이 항상 부는데다, 대륙의 동안에 위치하여 계절풍이 분다. 북서 계절풍이 우세한 겨울철에도 시베리아 기단이 일시적으로 약해지면 탁월풍인 편서풍의 영향이 커진다. 남동 계절풍이 우세한 여름에도 마찬가지다. 이렇게 계절에 따라 조금씩 차이는 있지만 서풍은 사시사철 우리나라에 영향을 준다. 그래서 서풍을 타고 오염된 대기가 우리나라로 건너오는 문제는 참으로 심각하다.

중국은 현재 연간 10억t 정도의 석탄, 연간 1억t 정도의 석유를 생산해 자기 나라의 산업화에 필요한 연료를 충당하고 있다. 우리나라 석탄 소비량은 연간 2000만t 정도이니 중국과는 비교가 되지 않는다. 이러한 화석 연료를 대량으로 소비하는 과정에서 대기 오염 물질들이 많이 배출된다.

이 물질들은 대기 오염을 가중할 뿐 아니라 산성비 피해까지 일으킨다. 산성비는 식물을 말라 죽게 하고, 호수의 수질을 산성화하여 그곳의 생태계를 파괴하며, 사람의 눈에 들어가 눈병을 일으키는 등 모든 생명체들에 해롭다. 산성비에는 황산화물이나 질소산화물, 또 아주 많은 이산화탄소가 녹아들어 있어서 "산성비를 맞으면 머리가 빠진다."는 말이 생겨났다.

중국에서 불어오는 바람은 우리나라 전국에 영향을 미치지만, 지리적으로 가까운 서해안 지역에서 그 피해가 훨씬 더 크리라는 점은 쉽게 예상할 수 있다. 서해안 태안 반도에서 대기 중 이산화탄소의 연평균 양을 측정한 결과 일본보다 훨씬 더 많았다. 일본은 우리나라보다 화석 연료를 훨씬 더 많이 사용하는데, 왜 그와 같은 결과가 나왔을까? 우리나라의 대기 중 이산화탄소 양이 일본보다 많다는 사실은 무슨 의미일까? 단지 우리나라 기업들이 대기 오염 물질을 줄이려는 노력을 일본보다 덜 한다는 뜻일까? 그보다는 중국에서 불어오는 오염된 바람 탓에 우리나라 대기가 더 심하게 오염되고 있다는 뜻일 것이다.

최근 들어 중국에서 배출하는 대기 오염 물질의 위험이 더 심각해진 이유는 중국의 주요 연료가 석탄에서 석유로 바뀌고 있기 때문이다. 석탄은 주로 이산화탄소가 일으키는 지구 온난화의 원인이지만, 석유는 질소산화물이 일으키는 광화학 스모그의 원인이다. 광화학 스모그는 시야를 가려서 교통 사고 같은 각종 사고를 유발하고, 호흡기 질환이나 눈병 등도 불러온다.

일본에서는 이미 '한국에 의한 대기 오염의 영향'을 평가하려고 한국 쪽 대기 상태를 정기적으로 측정하고 있다고 한다. 우리 정부도 국민들의 생명을 지키고 삶의 질을 높이는 차원에서 '중국에 의한 우리나라 대기 오염의 영향을 평가하려는 노력을 해야 할 것이다.

예부터 서풍은 우리에게 반가운 바람이었다. 서풍과 함께 많은 생명이 움트는 봄이 오고, 또 많은 생명이 열매를 맺는 가을이 왔다. 현재 우리나라 정부는 황사와 대기 오염의 피해를 막기 위해 중국과 힘을 합하여 황토 지대에 나무를 심는 등 환경 외교에 힘쓰고 있다. 부디 좋은 결실을 맺어 예전처럼 서풍을 반길 날이 왔으면 좋겠다.

더워지는 지구

이상 기후 현상과 지구 온난화

파나마

콜롬비아

에콰도르

과야킬 만

페루   브라

타완틴수요 제국('잉카 제국'의 본디 이름)의 후손들이 살고 있는 페루의 세계적인 한류 어장. 여기에서 정어리 어획량이 줄어들면 미국에서는 어떤 일이 벌어질까? 답은 "프라이드치킨 값이 올라간다."이다. 프라이드치킨 값이 올라가는 이유는 닭 사료로 많이 쓰는 정어리의 양이 줄어들어 사료 값이 상승하기 때문이다. 최근 들어 페루 어장에서는 정어리 어획량이 아주 많이 줄어들고 있다. 바로 엘니뇨 때문이다.

　적도 부근은 동풍을 타고 해류가 동쪽에서 서쪽으로 흐른다. 남태평양 동쪽의 경우 한류가 페루 해안을 따라 북상하다가 에콰도르의 과야킬 만(위의 지도 참고)에서 서쪽으로 흘러가기 시작하여 동남아시아까지 흘러간다. 과야킬 만은 용승 현상 — 수심 200~300m 되는 중간층의 차고 영양 풍부한 바닷물이 해수면으로 솟아오름 — 이 활발한 대표적인 한류 지역이다. 한류인 페루 해류가 지나는 페루 연안은 멸치의 일종인 안초비가 풍부하여 세계적인 어장이 형성되며, 많은 어민들은 이 바다에서 살아 왔다. 그런데 몇 년에 한 번씩 크리스마스 무렵이 되면 이 바다의 수온이 상승하는 이변이 발생한다. 이 현상이 여러 주나 여러 달 지속되면 이곳 어민들의 주 소득원인 안초비가 사라져 버린다. 바다의 수온이 상승하는 시기가 크리스마스 즈음이어서 페루 어민들은

태평양의 정상적인 해류(위)
와 엘니뇨 발생 시의 이상 해
류(아래)

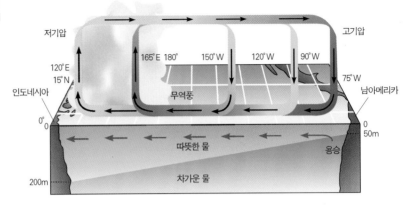

태평양의 정상적인 해류(위)
와 엘니뇨 발생 시의 이상 해
류(아래)

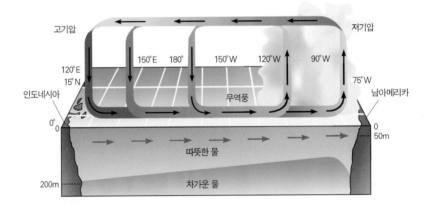

그 현상을 '엘니뇨'[남자 아이, 아기 예수]라고 불렀다.

엘니뇨의 발생은 무역풍과 관련이 깊다. 무역풍은 중위도 고압대에
서 적도 저압대로 부는 바람으로, 적도에서는 동쪽에서 서쪽으로 분다.
이러한 무역풍이 예년보다 약하게 불면 엘니뇨가 일어난다.

대기의 순환은 해수면 온도가 유지되는 데 중요한 역할을 하는데, 무
역풍의 경우 태평양 서안의 높은 해수면 온도와 태평양 동안의 낮은 해
수면 온도가 그대로 유지되게끔 한다. 다시 말해 무역풍은 해양 표면의
따뜻한 물을 태평양 동안에서 서안으로 운반함으로써, 용승 현상이 활

발한 태평양 동안에서는 온수층이 얇아지고 태평양 서안에서는 온수층이 두꺼워지게 한다. 그런데 무역풍이 약해지면 해양 표면의 따뜻한 물이 태평양 동안에서 서안으로 잘 흐르지 못해, 동안의 온수층이 평소보다 두꺼워지고 서안의 온수층은 더 얇아지게 된다. 태평양 동안의 용승 현상은 두꺼워진 온수층 때문에 제대로 일어나지 못한다.

이러한 엘니뇨 때문에 세계 각지에서 이상 기후 현상이 일어난다. 태평양 동안에 속하는 남아메리카 중부, 중국 남부, 일본 남부, 멕시코 북부, 미국 남부 등에서는 홍수가 난다. 그리고 태평양 서안에 속하는 인도네시아, 필리핀, 오스트레일리아 동북부 등에서는 가뭄이 들고 산불이 자주 일어난다. 그 밖에 유럽, 미국, 우리나라에서는 폭설과 한파가 발생한다.

지구상에는 여러 가지 이상 기후 현상이 나타난다. 그 원인은 대체로 몇 가지로 나뉜다.

첫째, 지구의 자전축 기울기나 공전 이심률—이심률이 0이면 공전 궤도는 완전한 원형임—이 변하기 때문이다. 우리는 흔히 지구의 자전축이 23.5° 기울어져 있다고 알고 있지만, 학계에서는 자전축 기울기가 일정한 주기를 갖고 변한다고 본다. 자전축 기울기가 변하면, 게다가 공전 이심률마저 변하면 태양의 고도가 바뀌면서 일사량도 달라진다. 만약에 지구가 자전축이 23.5°보다 좀 더 기울어진 채 공전 궤도 변화로 태양 주위를 좀 더 멀리 돈다면 대단히 추워질 것이다. 중생대 공룡이 대멸종한 것이 이러한 이유 때문이라는 설이 있다.

둘째, 엘니뇨 같은 해류 이상 때문이다.

셋째, 제트 기류 때문이다. 제트 기류는 대기의 상층에서 부는 매우 강한 편서풍의 일종인데, 중위도에서 고위도로 부는 지역은 예년보다

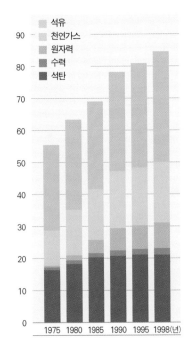

세계 **연료 소비 현황** 화석 연료 소비량이 점점 증가하고 있어서 지구 온난화의 위험이 가속화되고 있다. (연료별 소비량은 석유 톤 수로 환산한 것이고, 단위는 1억 톤)

겨울이 따뜻해지는 이상 난동이, 고위도에서 저위도로 부는 지역은 예년보다 겨울이 몹시 추워지는 이상 한파가 발생한다.

넷째, 인간 때문이다. 인간은 심각한 지구 온난화의 주범이다. 지구 온난화의 원인은 온실 효과라고 널리 알려져 있다. 이러한 온실 효과는 인간이 산업화를 이루려 석탄이나 석유 같은 화석 연료를 많이 쓰고, 농경지를 넓히느라 숲을 파괴하면서 심해졌다.

「투모로우」(2004)는 지구 온난화로 인한 이상 기후 현상을 실감 나게 보여 준 대표적인 영화이다. 다음은 영화 속 한 장면을 설명한 것이다.

남극의 얼음 벌판. 주인공인 기상학자 잭 홀 박사는 얼음 코어를 시추하던 중 '라센B'라는 커다란 얼음 덩어리가 떨어져 나가는 순간을 목격한다. 이후 그는 인도 뉴델리에서 열린 국제 회의에서 놀라운 내용을 발표한다. 급격한 지구 온난화로 극 지방의 빙하가 녹은 물이 바다로 흘러들면 해류의 흐름이 멈추고, 그로 인해 지구 전체가 빙하로 뒤덮이는 끔찍한 재앙이 닥칠 것이라고 경고한다.

지구 온난화로 극 지방의 얼음이 녹으면 북서부 유럽 지역이나 남극 근해는 눈이 매우 많이 내리고, 오히려 한파에 떨게 된다. 왜냐하면 얼음이 녹아 바닷물의 염도를 낮춤으로써 해류가 순환하지 않아 에너지 교환이 이루어질 수 없기 때문이다.

이상 기후 현상은 이제 어느 한 지역, 어느 한 나라만의 문제가 아니

마나우스 산타렘 벨렘
포르투벨류 레시폐
리마 브라질
쿠이아바
브라질리아

열대 우림
고속도로

아마존 강 열대우림의 개발 현황 브라질의 고속도로 개발 계획에 따라 열대 우림의 많은 지역이 훼손되고 있다. 이는 지구 온난화의 한 원인이 된다.

다. 전 세계인이 지구인으로서 함께 극복해야 할 중대한 문제이다. 실제로 전 세계의 많은 국가들이 '기후 변화 협약'에 가입해 이상 기후에 공동으로 대처하고 있다. 우리나라도 1994년에 가입했다. 그런데 안타깝게도, 세계의 헌병 노릇을 자처하는 미국은 이 협약에 아직도 가입하지 않고 있다.

여섯째 마당
지역 갈등과 평화

편견의 그늘에서 싹트는 비극

간디와 카디

검은 것이 아름답다

집단 투우의 나라 콜롬비아

편견의 그늘에서 싹트는 비극

부당한 차별 배후의 경제적 착취

사랑하는 것도 죄인가? 흑인과 백인인 젊은 남녀가 서로 지극히 사랑했으나 결혼하지 못했다. 국가에서 흑인과 백인의 결혼을 법으로써 철저하게 금했기 때문이다. 그들이 사랑하는 것 자체가 사회적으로 범죄나 다름없었다. 흑인의 더러운 피가 백인의 순결한 피를 더럽힌다는 이유에서였다.

이것은 과거 인종 차별이 심했던 남아프리카공화국의 단면이다. 불과 얼마 전까지도 남아프리카공화국에서는 '아파르트헤이트'라는 극단적인 인종 차별 정책과 제도를 실행해 왔다. 약 16%의 백인이 흑인을 비롯한 유색 인종을 정치·경제·사회적으로 차별하는 것이었다. 아파르트헤이트 때문에 유색 인종 사람들은 백인 거주지와 뚝 떨어진 지역에 모여 살고, 백인들에게 봉사할 때에만 백인 거주지에 들어갈 수 있는 등 거주와 활동 범위에 제약이 따랐다. 교통 기관이나 공공 장소에서도 백인과 유색 인종은 인종별로 나뉜 좌석에 따로 앉아야 했다. 전 세계 많은 국가들이 이러한 아파르트헤이트에 분노했다. 그래서 아파르트헤이트를 고수하는 남아프리카공화국에 압력을 가하려고 한때 올림픽 대회의 참가를 막기도 했다.

해방을 쟁취하려는 단결과 투쟁으로 마침내 흑인들은 오랜 질곡과

억압에서 헤어날 수 있었다. 1989년 남아프리카공화국 대통령에 취임한 데클레르크는 흑인 인권 운동가 넬슨 만델라를 석방하고, 1991년 인종 차별에 관한 모든 악법을 폐지하면서 아파르트헤이트의 종식을 선언했다. 데클레르크와 만델라는 아파르트헤이트 철폐에 이바지한 공로를 인정받아 1993년 노벨 평화상을 받았다. 그리고 1994년 남아프리카공화국 최초의 다인종 선거에서 넬슨 만델라가 대통령으로 선출되었다.

남아프리카공화국은 아파르트헤이트가 철폐되고 흑인 정부가 들어서면서 흑인에게도 투표권이 주어지는 등 제도적인 인종 차별이 줄어들었다. 하지만 흑인과 백인 간 빈부 차이가 여전히 심해 국민 통합에 어려움을 겪고 있다.

만델라의 석방 만델라(위)는 아파르트헤이트 철폐 운동을 전개하다가 종신형을 선고받고 27년 동안 감옥살이를 했다. 1990년 2월 석방되던 날, 환호하는 민중들(아래)을 향해 그는 아프리카어로 외쳤다. "힘, 힘, 아프리카는 우리 것!"

아파르트헤이트는 왜 발생했을까? 사람들은 으레 인종이 다르면 서로 갈등이 있을 것이라고 생각한다. 그러나 인종이 다르다는 이유만으로 차별과 갈등이 발생하거나 전쟁 상황으로 치닫지 않는다. 브라질의 경우 흑백 간의 인종 차별은 다른 나라에 비해 훨씬 덜하다.

같은 인종의 경우에도 경제적인 이익을 위해서는 전쟁까지 불사하는 경우가 숱하게 있다. 흑인이 살던 남아프리카공화국에 처음 들어온 백인종은 네덜란드인이었다. 이들은 원주민인 흑인종 반투족을 밀어내고 지중해성 기후의 케이프타운을 차지했다. 이들의 후손들(보어인)

은 나중에 들어온 영국인들과 싸웠다. 다이아몬드 광산과 금 광산, 그리고 좋은 토지를 차지하기 위해서였다. 그러나 이 싸움에서 승리한 영국이 이 지역을 차지했다.

인종은 같지만 민족 대립과 분쟁이 있는 예는 팔레스타인에서도 찾아볼 수 있다. 팔레스타인은 동쪽으로는 요르단 강에서 시작하여 서쪽으로는 지중해에 이르는, 그리고 남쪽의 이집트 국경 지대에서 북쪽의 레바논 국경 지대에 이르는 지역을 말한다. 흔히 '팔레스타인 문제'라고 부르는 국제 분쟁은 유대인과 아랍인 사이에서 팔레스타인 영유권 다툼이 벌어지는 것을 말한다. 이러한 팔레스타인 문제는 유대인들이 1948년 팔레스타인에 이스라엘을 건국한 데서 시작되었다.

팔레스타인에는 본래 유대인들이 살고 있었다. 이들은 기원전 11세기에 이스라엘 왕국을 세웠으나 분열과 멸망을 거쳐 기원후 2세기에 로마 제국에 의해 추방되었다. 동로마 제국은 팔레스타인에서 636년 이슬람교를 믿는 아랍인들에게 전쟁에 패해 쫓겨났다. 12세기 제1차 십자군이 예루살렘 왕국을 건설하여 이곳을 통치하기도 했지만, 로마 제국의 멸망 이후 팔레스타인은 줄곧 아랍인들의 영토였다. 한편 로마 제국에 의해 쫓겨나 세계 각지에 흩어져 살던 유대인들은 1800년대 말에 시오니즘(유대인의 민족 해방 운동)을 벌이기 시작했다.

제1차 세계대전 중 독일과 싸우던 영국은 유럽과 미국의 돈 많은 유대인들에게 지원을 받으려고 1917년 밸푸어 선언을 발표했다. 유대인들이 팔레스타인에 민족 국가를 수립하는 것을 영국이 정책적으로 돕겠다는 내용이었다. 영국은 원래 팔레스타인에 대해서 아무런 권한이 없었다. 그런데 제1차 세계대전이 끝나자 국제연맹의 결정에 따라 팔레스타인은 영국의 위임 통치령이 되어 버린다. 그때까지도 팔레스타인에는 유대인들이 거의 없었다.

영국이 팔레스타인을 위임 통치하고부터 유대인들이 이곳으로 이주해 오기 시작했다. 1918년 6만 명이 채 안 되었던 유대인들은 1947년 총 인구 193만 명 중 61만 명을 차지하게 되었다. 그렇지만 유대인들이 차지한 땅은 전체의 6%에 지나지 않았다.

영국의 팔레스타인 통치는 1948년까지 계속되었다. 하지만 영국은 다수를 차지하는 아랍인과 강력한 시오니즘으로 세력이 점점 커져 가는 유대인의 요구를 모두 만족시키지 못했다. 결국 제2차 세계대전 후 팔레스타인 문제를 국제연합〔UN〕총회에 떠넘겼다. UN 총회에서는 1947년 11월 29일 팔레스타인에 아랍인 국가와 유대인 국가를 따로 세우고 예루살렘은 국제 도시로 만들 것을 제안했다.

UN 총회의 결의안이 통과되자 팔레스타인 전체 면적의 56%를 유

팔레스타인 아랍인들의 항의
밸푸어 선언 이후 팔레스타인에 유대인 정착촌이 계속 느는 데 불안해하던 아랍인들은 1936년에 영국의 위임 통치에 항의하며 대규모 파업과 무장 봉기를 일으켰고 영국 진압대와 대치했다.

아랍인 소유 / 유대인 소유 / 기타

(단위 : %)

지중해

1 미만

1 미만

1 미만

1 미만

1 미만

1 미만

사 해

0   18km

1945년 팔레스타인의 토지 소유 현황

대인들이 차지하게 되었다. UN은 팔레스타인의 올리브 농장과 곡창 지대의 80%, 아랍인 공장의 40%를 유대인들에게 배정했다. 흔히 유대 인들이 불모의 사막을 농경지로 개 척했다고 알고 있으나, 처음에 그들 은 강대국의 힘을 빌려 아랍인들의 농경지를 빼앗았던 것이다. 마침내 유대인들은 1948년 5월 14일 '이스 라엘'을 건국하게 되었다.

이스라엘 건국이 선포된 다음 날, 팔레스타인 아랍인들은 다른 지역 아랍인들과 함께 이스라엘을 침공해 전쟁을 개시했다. 이스라엘의 존재 자체가 서구 문명의 전진 기지라고 여겼기 때문이다. 제1차 중동전쟁이 된 이 전쟁을 아랍인들은 '팔레스타 인 전쟁', 유대인들은 '독립전쟁'이라 고 불렀다. 이후 네 차례 벌어진 중동전쟁에서 이스라엘은 미국 등 강 대국의 원조에 힘입어 승리를 거듭했다. 그리고 이스라엘은 팔레스타 인뿐 아니라 다른 지역 아랍인들의 영토까지 점령했다. 결국 1947년 UN이 제시한 팔레스타인 분할안보다 훨씬 더 많은 지역을 점령하게 되었다. 이 과정에서 수많은 팔레스타인 아랍인들이 쫓겨나 주변 아랍 국들에서 떠돌이 생활을 하게 되었다. 현재 이스라엘은 팔레스타인 내

점령지에 동유럽, 러시아에서 살던 유대인들을 정착시켜 인구로써 아랍인들을 압박하고 있다. 그 결과 팔레스타인 아랍인들과 이스라엘 군인들 사이의 유혈 분쟁이 끊이지 않고 있다.

이스라엘은 팔레스타인 자치 정부의 대통령 관저를 포위해 아라파트를 연금하고, 이곳에 포격을 가하기도 했다. 이스라엘 장교가 팔레스타인 소녀에게 총을 여러 발 쏘아 죽이기도 했다. 이에 대해 팔레스타인 아랍인들은 이스라엘에 목숨을 걸고 테러를 감행한다. 어느 쪽이 먼저 잘못했는지 따질 필요가 있다고 주장할 수 있겠지만, 어쨌든 이스라엘은 점령국인 강자이고 팔레스타인은 땅을 뺏긴 약자이다.

그런데 무슨 이유에선지 우리나라 사람들이 이스라엘을 바라보는 시각은 이스라엘을 지원하는 미국보다 더 긍정적인 것 같다. 이스라엘과 팔레스타인 아랍인들이 싸우는 것은 근본적으로 영토와 자원 때문이지만, 우리가 이들의 대립을 종교적 차원에서 바라보기 때문에 기독교와 관련된 이스라엘에 더 호의적이지 않은가 싶다. 그러나 이런 관점을 고집하면 경제적으로 손해를 볼 수 있다. 우리나라는 아랍권 국가에서 석유를 수입하고 건설 사업을 벌이고 있으며, 가전 제품을 비롯해 많은 상품을 수출하고 있기 때문이다. 그래서 우리 정부는 두 민족 간에 갈

팔레스타인 아랍인들의 영토
이스라엘은 제3차 중동전쟁 이후 그나마 아랍인 영토였던 골란 고원, 웨스트뱅크, 가자 지구마저 점령했다. 이후 유대인 정착촌을 세워 점령지를 영토화하고 있다.

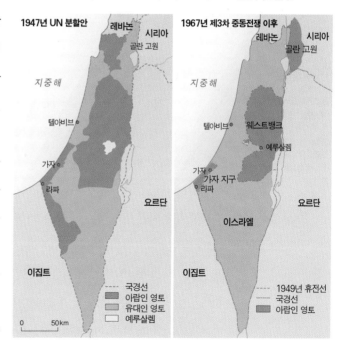

지역 갈등과 평화 239

팔레스타인 아랍인들의 떠돌이 생활 제1차 중동전쟁 이후 100만여 명의 아랍인 난민들이 발생했다(위). 잇따른 중동전쟁에서 이스라엘이 승리하여 아랍인 영토를 점령하자 수많은 아랍인들이 고향에서 쫓겨나 기나긴 유랑 생활을 하게 되었다(아래).

등이 있을 때 중립을 지키거나 이스라엘을 지지하지 않는 모습을 보인다.

팔레스타인 문제는 과거부터 현재까지 국제 사회의 관심을 끄는 민족적 비극이다. 같은 인종이지만 다른 민족을 지배하기 위해 민족 차별을 강조하는 예는 많다. 과거 일본이 우리나라를 열등하게 보고 멸시한 것도 이와 같다. 일본은 식민지 지배를 통해 우리나라의 오랜 역사와 문화와 전통을 말살하려 했다. 심지어 일본식 성명 강요[창씨개명]를 하고, 우리말을 없애려 했다.

이와 같은 식민 정책은 우리나라의 각종 자원을 수탈하고, 나아가 자본주의의 발달에 따른 빈부 격차 등 일본 내의 모순을 일시적이나마 해소하는 데 도움을 주었기 때문이다. 당시 일본은 영국 등 먼저 자본주의가 발달한 나라들이 겪은 것처럼 원료의 공급지와 제품의 판매 시장을 찾아야 했다. 그리고 심각해져 가는 자본가와 노동자의 대립을 줄이기 위해서도 다른 나라로 눈을 돌려야 했다. 그렇지 않으면 자본주의라는 공장은 가동을 중단해야 하는 위기에 처해 있었다.

이런 사회적 갈등을 감추고 국가를 효과적으로 통치하기 위해 지배적인 집단, 즉 자본가와 국가 권력 집단은 인종 차별 의식이나 민족 감정이나 지역 감정을 이용해 사람들의 동물적인 증오심을 불러일으키는

방법을 쓴다. 그 예가 '관동대학살'이다. 관동대학살은 1923년 9월 일
본 간토[관동] 지방에서 일어난 대지진 때 일본인들이 조선인들을
마구잡이로 학살한 사건이다.

　1920년대 당시 일본은 극심한 경제 불황을 겪
고 있었다. 이런 상황에서 간토 대지진이 일어났
다. 대지진의 여파로 건물이 무너지고, 교통 시설
이 파괴되었으며, 곳곳에 화재가 났다. 많은 사람들

군마 : 2곳
나가노 : 1곳
도치기 : 2곳
이바라키 : 2곳
사이타마 : 8곳
지바 : 12곳
가나가와 : 23곳
도쿄 : 32곳

관동대학살 발생 지역

이 집을 잃고, 굶주림에 시달렸다. 사회가 큰 혼란에 빠졌다. 정부를 향
한 일본 국민들의 불만이 폭발할 지경에서 집권층은 이 위기를 모면하
려고 간교한 음모를 꾸몄다. 급기야 일본 집권층은 "조선인들이 우물에
독약을 넣었다. 조선인들이 폭동을 일으키고 불을 질렀다."는 유언비어
를 퍼뜨렸다. 평소에 이민족인 조선인들을 차별했던 일본 국민들의 심
리를 이용한 것이다. 일본 집권층의 의도는 들어맞아서, 결국 일본 국
민들의 분노가 애꿎은 조선인들에게 향했다.

　그 당시 도쿄 일대에 살던 조선인 3만 명 가운데 6000여 명이 단지
'조선인'이라는 이유로 무차별 학살되었다. 조선인 대학살은 자경단뿐

관동대학살 자경단(왼쪽)을
비롯한 각계 일본인들이 잔인
하게 휘두른 흉기에 헤아릴
수 없이 많은 조선인들이 속
절없이 죽었다(오른쪽).

아니라 군인, 경찰, 소방대가 나서서 조직적으로 이루어졌다. 겁을 먹고 경찰서를 찾아 보호를 요청한 조선인들은 경찰서에서, 군에 연행된 조선인들은 수용소에서 '폭동 방지'라는 명목 아래 무참히 살해되었다. 이를 은폐하려고 시신을 대부분 하천에 버리거나 암매장했다. 이때 땅속에 집단 매장되었거나 우물에 던져진 조선인들의 유해는 아직도 발굴되지 않았다.

이민족과 언어와 종교가 같아도 지역 간 갈등이 생기는 경우도 많다. 우리나라는 망국병이라고 불릴 정도로 지역 감정이 심한데, 이는 근래 대통령과 국회의원 선거에서 잘 나타난다. 내가 투표하는지, 지역이 투표하는지 알 수 없을 정도이다.

민주 사회라면 인종, 민족, 종교, 성별, 지역에 따른 차별이 전혀 없는 사회를 지향할 것이다. 반면에 비민주 사회는 가진 자들이 기득권을 유지하려는 속셈으로 무조건 자기만 지지하는 사람들을 끌어 모으는 경향이 있다. 그렇게 하지 않으면 자기가 가진 것을 내놓아야 하기 때문이다. 이럴 때 국가 조직과 국토 자원은 국민이 아니라 군대 같은 일부 집단, 일부 계층, 일부 지역의 이익에 봉사하게 된다. 가진 자들은 지역 감정과 편견을 확대하기 위해 공작 정치와 언론 조작에 관심을 갖기도 한다. 감정적으로 어떤 지역을 매도하거나 높게 평가하면 지역 간 감정의 골이 더 깊어질 뿐이고, 이것은 민주주의 실현을 더욱 어렵게 한다. 지역 간의 사회·경제적 차별을 줄여야만 비로소 배타적인 지역 감정이 사라질 수 있다.

이처럼 지구상에서 일어나는 대부분의 분쟁은 그 뿌리를 보면 크든 작든 경제적인 이해 관계가 깔려 있다. 따라서 이런 경우 부당하게 경제적 이득을 취하려는 쪽에서 양보해야 분쟁이 해결의 실마리가 보인다. 각 집단의 지도자들이 인종, 민족, 종교, 지역 사이의 편견을 조장해 싸움을 부추기는 것은 궁극적으로는 모든 사람들에게 피해를 준다. 지역 사회가 편견에 빠지면 사람들은 서로를 사랑하는 대신 전쟁을 통해 생명을 잃을 수 있고, 분노의 화신이나 광신자가 되어 주어진 상황과 세계를 올바르게 판단하지 못할 수 있다.

현재 우리나라에는 농촌 총각과 결혼한 아시아 여성들을 비롯해 수십만 명의 외국인들이 거주하고 있다. 그런데 우리나라 사람들은 백인에 대해서는 차별을 적게 하거나 열등 의식을 갖지만, 흑인이나 동남아시아 사람들에 대해서는 차별을 하는 편이다. 영어 학원에서 원어민 강사를 채용할 때 흑인보다 백인을 선호하는 것도 같은 맥락이다.

특히 노동자로 돈을 벌려고 온 동남아시아 사람들에게는 차별을 심하게 한다. 우리나라는 동남아시아보다 소득이 매우 높은 편이다. 그래서 많은 사람들이 우리나라에 일하러 오고 싶어한다. 그러나 이들은 대체로 한국인들이 기피하는 3D 업종에서 일한다. 3D 업종은 더럽고 힘들고 위험하다. 그리고 임금이 낮으며, 일터가 멀기까지 하다. 일하는 시간도 길다. 그러나 적지 않은 외국인 근로자들이 한국인들에게는 당연한 권리를 찾지 못하고 있다. 불법 체류 외국인 근로자들이 단속반들에게 구타를 당하는 일도 흔하다. 가난한 나라에서 건너와 직업을 구하는 약자라는 이유로 억울한 일을 당하는 것이다. 또 한국인과 결혼한 외국인들이라 할지라도 바로 한국 국적을 받지 못하기 때문에 자녀와 함께 어려움을 겪는 일도 많다. 이는 우리나라 광부와 간호사가 독일에 이주 근로자로 가서 받았던 대우와는 차이가 크다.

그러나 한편으로는 억울한 일을 겪는 외국인 근로자들을 돕는 한국인들도 많다. 자원 봉사자, 종교인들이 단체를 만들어 조직적으로 돕는다. 다행스러운 일이다. 밀린 임금을 받게 해 주거나, 다쳤을 때 치료를 받을 수 있게 해 주며, 다양한 만남의 공간을 제공하기도 한다. 그러나 부당하게 차별을 받는 경우는 여전히 많다. 우리나라는 이들에게 더 많은 권리를 줄 수 있도록 제도를 정비하고, 이들에 대한 편견을 버리고 사고 방식도 바꾸어야 할 것이다.

간디와 카디

인도의 평화적인 민족 독립 운동

제국주의 식민지에서는 지배 민족과 피지배 민족 사이에 갈등이 더욱 심하다. 지배 민족이 무력으로 통치하고 착취하는 가운데 피지배 민족이 자주 독립에 성공하려면 무력으로 투쟁할 수밖에 없다. 실제로 여러 민족들의 독립 과정을 살펴보면 그러한 폭력이 큰 역할을 했다. 그런데 인도는 끊임없는 비폭력, 무저항으로써 평화적인 독립을 이루었다. 1765년부터 1947년까지 약 200년 간 영국의 지배를 받은 인도는 오랜 수난 속에서 어떻게 독립했을까?

서구 열강이 지리상의 발견을 시작한 직후, 인도 무역을 독점한 나라는 포르투갈이었다. 그러나 17세기에 접어들면서 영국, 네덜란드, 프랑스 같은 나라들도 인도에 진출하기 시작했다. 당시 인도는 무굴 제국 세력 내에 있던 모든 지방들이 독립해 독자적인 왕국을 세웠던 터라 무척 혼란스러웠다. 또한 카스트 제도를 통한 사회적 차별, 힌두교도와 이슬람교도 사이의 대립도 더욱 심해졌던 때였다.

영국은 이러한 혼란을 틈타 우세한 군사력으로 다른 나라를 제치고 인도를 급속하게 점령해 갔다. 영국은 수차례 전쟁을 치르며 영토를 빼앗거나 복속시켜, 북서부를 제외한 인도의 모든 지방으로 세력을 넓혔다. 그리하여 영국 본토에서 산업혁명으로 생산된 면직물을 비롯해 여러 공산품들이 들어와 인도 시장을 뿌리째 흔들어 놓았다. 결국 인도는 영국의 상품 시장이 되었고, 인도의 상품 생산지는 커다란 타격을 받았다.

영국이 인도를 강압적으로 지배하던 중에 1857년 영국 군대의 인도 용병〔세포이〕들이 반란을 일으켰다. 이 반란은 본래 영국 사관들이 인도 병사들에게 여러 가지 민족적 차별을 가한 것이 원인이었는데, 금세 농민에서 옛 지배층까지 광범한 인도인들이 참가한 민족적 항쟁으로 확대되었다. 더 이상 영국 동인도 회사의 폭력적인 지배를 참을 수 없었기 때문이다. 세포이 항쟁은 영국에 큰 충격을 주었다. 이에 동요된 영국은 세포이 항쟁을 무력으로 진압한 뒤 무굴 제국을 멸망시키고, 1877년 영국령 인도 제국을 수립함으로써 인도를 완전한 식민지로 만들었다.

세포이 항쟁 인도 최초의 민족적 항쟁이다. 영국은 반란을 일으킨 세포이들의 입에 폭탄을 채워 터뜨리고, 인도 전역에서 들불처럼 일어난 민중들을 무차별 학살한 끝에 인도를 직접 지배하게 되었다.

그때 인도인들, 특히 지주나 상인 등 부르주아 계급 사이에서는 힌두교와 사회를 개혁하려는 운동이 싹트고 있었다. 그들은 인도의 정치 문제를 해결하고 독립을 이루는 길은 힌두교와 사회를 개혁하는 것밖에 없다고 생각했다. 그래서 '국민회의'라는 단체를 결성하고 인도어 신문을 발행해 민중들에게 민족 의식을 고취하는 등 독립 운동의 구심점 역할을 했다.

그 무렵 간디가 인도로 돌아왔다. 그는 젊은 시절 영국에 건너가 변호사 자격을 얻고 남아프리카에 머물고 있었다. 그는 민족의 독립을 위해 비폭력, 무저항으로 영국과 맞서 싸우기 시작했다. 인도 민중의 영웅이자 국민회의 지도자가 된 간디는 비폭력, 무저항 투쟁의 한 가지로 '카디[베짜기] 운동'을 전개했다. 간디는 인도 민중이 극심한 가난을 스스로 물리치는 것이 곧 자주 독립의 길이라고 앞장서 말했으며, 그 수단으로 '베틀과 물레'를 제시했다.

간디는 자신의 주장을 실천하려고 베틀 사용법을 배우려고 했으나 가르쳐 줄 만한 기술자를 구할 수 없어서, 많은 노력을 기울여 스스로 터득하고 익혀 나갔다. 간디가 즐겨 입었던 힌두교도들의 민족 의상 '도티'는 바로 간디가 손수 물레를 돌려 베틀에서 짠 천으로 만든 것이었다. 이후 간디를 따르던 많은 민중들이 그를 따라 베틀 사용법을 배웠다. 인도 민중들의 목표는 자기 손으로 짠 천으로 자기 옷을 지어 입음으로써, 영국인들이 경영하는 공장에서 생산된 옷감을 소비하지 않는 것이었다.

그 과정에서 간디는 새로운 사실을 깨달았다. 인도의 공장에서 올이 가는 실을 뽑지 못해 외국에서 실을 들여와 천을 짤 수밖에 없다는 것

물레를 돌리는 간디 '마하트마(위대한 영혼)'로 불리는 간디의 비폭력·무저항주의는 평화적 독립 방식이었다.

이었다. 그리고 방직공들이 열악한 환경에서 살아가고, 직물의 원료가 되는 실을 구하는 조건은 불리하다는 점 등 인도 민중들의 고통스러운 삶을 온몸으로 느끼게 되었다. 그는 섬유를 가공해 실을 만드는 방적 강습소를 뭄바이[봄베이]에 차려 민중들이 고통에서 벗어날 수 있도록 돕기 시작했다.

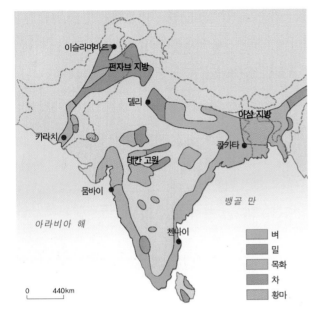

이슬라마바드
펀자브 지방
델리
아삼 지방
카라치
콜카타
데칸 고원
뭄바이
뱅골 만
아라비아 해
천나이

벼
밀
목화
차
황마

0   440km

인도의 농산물 생산지

간디의 카디 운동이 널리 확대되었던 이유는 영국의 약속 위반에 대한 인도인들의 분노와 독립의 열망이 컸기 때문이다. 제1차 세계대전이 일어나자 영국은 전쟁이 끝난 뒤 자치권을 주기로 약속하고 인도에 협력을 구했다. 이 약속을 믿고 인도는 많은 병력과 물자를 지원해 영국의 승리를 크게 도왔다. 그러나 영국은 약속을 지키지 않았고, 오히려 탄압을 가했다.

인도에서 카디 운동이 전개될 수 있었던 배경은 다름 아닌 데칸 고원이다. 데칸 고원은 사바나 기후 지역으로, 연중 고온인데다 건기와 우기가 뚜렷해서 목화를 재배하기에 알맞다. 더욱이 이 고원은 용암 지대여서 현무암의 풍화토인 레구르토가 많다. 레구르토는 점토질이어서 수분 유지가 잘되며, 유기물까지 풍부해서 비료를 주지 않아도 이어짓기 농사를 할 수 있다.

옛날에 인도에서는 목화를 별로 재배하지 않았다. 각 농가에서 작은 규모로 재배하는 정도에 그쳤으나, 인도가 영국의 식민지가 되면서 상황이 바뀌었다. 영국이 미국에서 목화를 공급받을 수 없게 되자 인도의 데칸 고원을 새로운 목화 공급지로 선정한 것이다. 당시 미국은 남북전쟁이 끝나면서 노예들이 해방되어, 더 이상 값싼 노동력으로 많은 목화를 재배할 수 없었다. 그래서 영국은 데칸 고원에 목화를 대규모로 심고 인도인의 값싼 노동력을 이용해 재배하기 시작했다. 인도에 아시아

최초로 철도가 놓이게 된 이유도 교통이 불편한 생산지에서 콜카타, 뭄바이, 첸나이 등의 항구로 목화를 신속하게 수송하기 위해서였다.

인도는 오랜 비폭력, 무저항 투쟁 끝에 1947년 영국으로부터 자치권을 받아 인도 연방과 파키스탄으로 분리 독립했다. 그리고 인도 연방은 1950년 신헌법을 제정해 공화정을 선포했다.

목화 수송의 항구로 떠오를 당시의 콜카타 모습

인도는 최근 들어 식민 지배의 잔재를 없애려는 노력을 하고 있다. 그중 대표적인 것이 지명을 바꾸는 작업이다. 예를 들어 '봄베이'를 본래 이름인 '뭄바이'로 바꾸었다. 뭄바이는 힌두어의 일종인 마라티어로 '좋은 항구' 또는 '아름다운 항구'라는 뜻인데, 16~17세기 포르투갈이 이곳을 지배하면서 포르투갈어인 '본베이〔좋은 항구〕'로 바뀌었다. 이후 1662년 포르투갈 국왕이 누이동생 캐서린을 영국 왕 찰스 2세에게 시집보낼 때 지참금의 일부로 본베이를 영국에 넘겼다. 그때부터 봄베이로 불렸다. 그 밖에도 '캘커타'는 '콜카타'로, '마드라스'는 '첸나이'로 본래 이름을 되찾았다.

검은 것이 아름답다

미국의 흑인 차별 역사

우리나라에서 '서태지와 아이들'이 주도한 랩뮤직은 1992년부터 지금까지 청소년에게 선풍적인 인기를 끌고 있다. 또 1980년대부터 시작된 디스코나 웨이브에 대한 열풍도 지금까지 이어지고 있다. 그런데 랩뮤직이나 디스코, 웨이브 등은 미국 흑인들이 거리에서 일상적으로 펼치는 춤과 음악이다. 다시 말해, 미국의 빈곤층 흑인들이 돈을 별로 들이지 않고 춤과 음악을 즐기기 위해 개발한 것들이다.

미국은 면적이 951만 8323km², 2006년 인구가 3억을 넘은 나라로, 세계 경제를 주도하는 선진국이다. 이 나라의 국부는 엄청나지만 빈부의 차이가 아주 크며, 빈곤층은 주로 흑인들이 차지한다. 미국은 언뜻 보면 인종 차별이 많이 사라진 것 같지만 실생활 곳곳에 여전히 남아 있다. 2004년 미국 독립 영화제 대상작인 「버스를 타다」는 이러한 실상을 고발하는 대표적인 영화이다.

미국의 인종 차별 역사는 매우 뿌리 깊은데, 가장 큰 피해자가 흑인들이었다. 현재 미국 내 흑인들은 전체 인구의 10% 이상을 차지하고 있다. 이들의 조상은 1619년 버지니아 주의

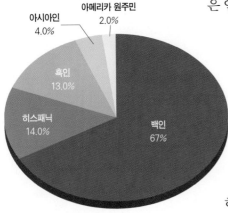

미국의 인종 구성 (2000년)

아시아인 4.0%
아메리카 원주민 2.0%
흑인 13.0%
히스패닉 14.0%
백인 67%

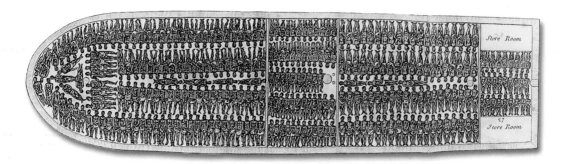

목화 재배 노동력으로 아프리카에서 끌려온 흑인 노예들이다. 이들의 삶은 참으로 비참했다. 알렉스 헤일리가 쓴 소설 『뿌리』(1976)를 읽어 보면 그 삶이 어떠했을지 짐작할 수 있다. 그리고 아프리카에서 끌려온 흑인 노예 6000만 명 중에서 3000만 명만 살아 아메리카에 도착했다는 기록을 통해서도 이송중의 참상을 실감할 수 있다.

　1860년대에 벌어진 미국의 남북전쟁은 공업 노동력을 갖추려는 북부와 농업 노동력을 유지하려는 남부 사이에 벌어진 전쟁이다. 남북전쟁 중 링컨 대통령은 '노예 해방 선언'을 발표했다. 그리고 남북전쟁이 끝나자 수정된 헌법에 따라 실질적인 노예 해방이 이루어졌다. 하지만 흑인들의 경제적 조건은 크게 바뀌지 않았다. 노예를 벗어났어도 소작인이나 공장의 저임금 노동자가 되었기 때문에 '값싼 노동력 제공'이라는 역할에는 별다른 차이가 없었다. 실제로 미국의 백인들은 19세기 말에 흑인 차별과 격리를 법으로 정했고, KKK〔Ku Klux Klan, 큐클럭스 클랜〕를 조직해 흑인들에게 직접적인 살인, 테러, 방화 등을 저질렀다.

　그런데 수백 년 동안 백인들에게 억압과 착취를 당한 흑인들 사이에 백인들을 흉내 내려는 풍조가 퍼졌다. 예컨대 곱슬머리를 펴려고 독한 약품을 사용하고, 검은 피부를 조금이라도 희게 보이려는 화장을 짙게 했다. 1960년대 흑인 인권 운동의 지도자였던 맬컴 엑스조차 건달로

흑인 노예선의 승선 계획도
'노예 시루'로 불릴 만큼 인간 화물을 빼곡하게 실은 흑인 노예선은 승선 계획도에 따라 만들어지기까지 했다. 통풍과 공간 효율을 좋게 해 심장 박동을 자유롭게 함으로써 노예들을 되도록 많이 싣고 많이 살아남게 하기 위해서였다. 그런데도 운송 도중 반이 죽었다.

미국 흑인들의 질곡 1863년에 링컨 대통령이 노예 해방 선언을 발표하기 전까지 미국 흑인들은 남부의 목화 농장에서 비참한 노예 생활을 해야 했다(위). 그리고 남북전쟁이 끝나자 KKK의 무자비한 인종 차별 테러에 희생되고 말았다(아래).

지냈던 젊은 시절 곱슬머리를 펴는 약품을 쓰고 흰 양복에 흰 구두를 신은 채 거리를 활보했다. 흑인 인권 운동이 활발히 진행되면서 이러한 풍조는 많이 사라졌다. 흑인들 스스로 "검은 것이 아름답다."라는 구호를 내세우며 자각 운동을 펼쳐 나갔기 때문이다. 하지만 마이클 잭슨을 보면 알다시피, 백인들과 비슷해지려는 풍조가 완전히 사라진 것은 아니다.

흑인 인권 운동이 사회적 파장을 일으키면서 제도적 차별이 많이 사라지자, 흑인들이 사회에 진출할 기회도 마련되었다. 전문직 또는 관리직에 종사하는 중산층 흑인들이 늘어났고, 이들은 대도시를 중심으로 확산되었다. 이제는 흑인들을 모두 빈곤층이라고 말할 수 없을 만큼 흑인 내에서 계층 분화가 서서히 일어나고 있다. 미국 내 흑인을 대상으로 하는 잡지의 구독률이 높아진 것은 중산층 흑인들이 그만큼 늘어났다는 증거이다. 1986년 "검은 것이 아름답다."라는 구호로 창간된 흑인 여성 잡지 『블랙 엘레강스』는 창간 직후 30만 부 이상 팔렸다. 1992년 창간된 흑인 문예지 『아프리칸 보이스』, 음악 영화지 『바이브』, 건강 잡지 『하트 앤드 솔』 등도 10만 부 이상 팔렸다.

옛날보다 중산층 흑인들이 증가하긴 했으나, 여전히 흑인들 대부분은 빈곤층에 속해 있다. 제2차 세계대전 이후 도시로 이주한 많은 흑인들은 공장에 취직했지만 저임금과 높은 실업률, 빈곤의 악순환이 계속되었다. 빈곤층 흑인들 대부분은 대도시 중심부에 흑인 빈민 거주지인 '슬럼'을 형성했다. 뉴욕의 할렘이 대표적인 예이다. 슬럼이 형성되자 도시 당국이 거두어들이는 세금은 감소하고 생활 보호비, 주택 개량비, 범죄 대책비 등의 세출 요인은 증가해 도시 재정이 부실해지는 문제가 생겨났다.

미국 흑인들 대다수는 자신들의 인권이 보호되어야 한다는 의식이 높아진 데 비해 실생활은 여전히 열악해서 사회적 불만이 아주 크다. 백인 중심의 사회 제도가 근본적인 원인이다. 백인 주류 사회에 대한 흑인들의 증오는 'LA〔로스앤젤레스〕폭동'으로 폭발되었다.

LA 폭동은 1992년 4월 29일 LA에서 흑인들이 폭동을 일으킨 사건이다. 그날은 흑인 청년 로드니 킹을 집단 구타한 혐의로 기소된 4명의 백인 경찰관들이 배심원 재판—흑인 배심원은 한 명도 없었음—에서 무죄 평결을 받은 날이었다. 오랜 인종 차별에 대한 분노를 가눌 길 없었던 흑인들은 일제히 거리로 뛰쳐나와 폭력, 방화, 약탈, 살인을 저질렀다. 그 결과, 오랜 세월 흑인촌에서 상권을 키워 온 코리아타운의 한인들이 집중적인 피해를 당했다. 흑인들은 한인들이 자기들을 상대로 상업하여 돈을 벌면서 베푸는 데는 인색하다고 생각해 왔다. "종로에서 뺨 맞고 한강에서 눈 흘긴다."는 속담처럼 백인들에 대한 화풀이를 애꿎은 한인들에게 한 셈이다. 미국 정부의 경찰력이 보호해 주지 않자 한인들은 총격전도 불사했는데, 이때 미국의 주요 언론들은 자기 나라의 그릇된 인종 정책이 드러날세라 LA 폭동을 한인들과 흑인들의 갈등으로 비치게끔 보도하기도 했다.

미국의 공화당 정권은 백인 유산층만을 위한 보수적인 인종 차별 정

LA 폭동 코리아타운을 휩쓸며 사망자 1명, 부상자 46명, 방화·약탈 피해 업소 2280곳, 피해액 3억 9000여만 달러의 엄청난 피해를 남겼다.

책을 25년 간 지속했으나, 결국 LA 폭동을 계기로 물러나고 민주당 정권이 들어섰다. 하지만 이른바 '인종 천국'이라는 미국에서 인종 갈등은 여전히 극복되지 않고 있다.

집단 투우의 나라 콜롬비아

라틴아메리카의 혼혈 역사

지리에서는 멕시코와 미국의 국경인 리오그란데 강을 경계로 그 남쪽을 라틴아메리카라고 한다. 지형적으로는 다시 '중앙아메리카'와 '남아메리카'로 나뉘지만, 역사·문화적으로 동일한 특성이 나타나기 때문이다.

남아메리카 북쪽에 위치한 콜롬비아는 브라질과 함께 커피 생산지로 유명하다. 콜롬비아의 주된 수출품은 커피와 철광석 등 1차 산업 생산품이다. 이 나라 경제의 버팀목이 되고 있는 커피 생산은 백인들이 경영하는 대규모 농장에서 이루어진다. 커피 농장에 고용된 일꾼들은 대개 가족들과 떨어진 채 농장 기숙사에서 생활하다가 주말에만 가족과 만나는 생활을 한다. 원해서가 아니라 일자리가 부족한 현실에서 백인 농장주의 일방적인 요구를 받아들일 수밖에 없는 것이다.

커피 농장 일꾼들이 되풀이되는 고단한 생활에서 활력소로 여기며 손꼽아 기다리는 것이 있다. 1년에 한 번씩 벌어지는 '집단 투우'이다. 식민 모국 에스파냐의 영향을 받아 콜롬비아 사람들도 투우를 즐기는데, 집단 투우는 이 나라에만 있는 독특한 방식의 경기다. 수만 명이 관람할 수 있는 원형 경기장에 투우 수십 마리를 한꺼번에 풀어 놓고, 수백 명에서 수천 명까지 동시에 경기를 한다.

농장 일꾼들이 집단 투우에 참가하는 동기는 투우들이 날뛰는 사이

콜롬비아의 혼혈인 투우사

를 달리면서 스릴을 만끽하기 위해서이기도 하지만, 주로 에스파냐계 백인 농장주들이 던지는 돈을 줍기 위해서이다. 출발선을 힘차게 내달은 다음 투우를 피해 빨리 달리기만 하면, 농장에서 힘들게 일해 버는 것보다 훨씬 많은 돈을 얻을 수 있기 때문이다.

그런데 출발선을 내닫는 일꾼들의 모습은 찬란한 타완틴수요 문명을 건설했던 그들의 선조들과 매우 다르다. 오히려 선조들과 닮은 사람들을 찾아보기 어렵다. 그들은 대부분 혼혈인이라서 피부색이 희지도, 검지도, 노랗지도 않다.

멕시코 북부와 중부에 정착했던 아스텍족은 콜롬비아 사람들의 선조 격이다. 그들은 흰 얼굴에 수염이 난 케찰코아틀이라는 신을 섬겼다. 전설에 따르면, 케찰코아틀은 아스텍족에게 농경·야금·수리·정치에 관한 지식과 기술을 알려 주는 자비로운 신이었는데, 먼 옛날 배를 타고 동방으로 떠났다. 그러면서 "내 꼭 다시 돌아오마."라고 약속했다고 한다.

그런데 1492년 신을 기다리던 아스텍족 앞에 커다란 날개 달린 배 세 척이 나타났다. 그리고 거기서 흰 얼굴에 수염이 난 사람들이 내렸다. 아스텍족은 이들이 케찰코아틀이 아닌가 싶어 깊은 관심을 갖고 지켜보았다. 그러나 배에서 내린 사람들은 피부만 하얄 뿐, 탐욕스럽고 이상한 기구—총기를 말함—로 큰 소리와 불빛을 내 사람들을 놀라게 하는 것으로 보아 신은 아니었다. 더구나 이 백인들은 아스텍족이 갖고 있는 황금 도구와 장식들에만 관심을 보였으며, 그것들을 얻으려고 별별 짓을 다 했다. 처음에 아스텍족은 그들을 환영했다. 그러나 황금만 탐내는 유럽 백인들은 황제를 비롯한 아스텍족에게 간사하고 교활한 거짓말을 하고 총칼로 살해하면서 아스테카 제국을 점령해 버렸다.

흔히 아메리카 원주민은 몽골계 인종이며, 1만 5000~2만 년 전에 이곳으로 이동해 정착했다고 알려져 있다. 콜럼버스가 이들을 처음 본 15세기 말에는 7000만 명 정도의 원주민이 살고 있었을 것으로 추정된다.

콜롬비아에서 아마존 강 유역의 열대 우림, 남쪽의 칠레, 서쪽으로 태평양 연안에 이르는 지역은 고대에 '타완틴수요 제국'이 형성되어 있었다. 타완틴은 '4', 수요는 '지방'을 뜻하는 말이어서 타완틴수요는 '네 방향에 걸쳐 있는 나라'를 의미한다. 지금껏 타완틴수요 제국을 잉카 제국으로 불러 왔는데, 잉카는 '왕' 또는 '왕실'을 뜻하는 말이어서 나라를 가리키는 말로는 타완틴수요가 더 걸맞다. 타완틴수요 사람들은 문자 사용 능력은 뒤떨어졌지만, 군대 조직이나 도로 건설 등에 탁월한 능력이 있었다. 그들의 유적을 보면 금세공 능력이 단연 천재적이고 석재를 다루는 솜씨도 대단했다.

하지만 타완틴수요 제국은 15세기 말 이후 낯선 백인 침략자들에게 정복되고 철저히 파괴되었다. 이들을 정복한 에스파냐의 페르디난드 2세는 "원주민들이 순종하지 않으면 전쟁을 하고, 가톨릭교회와 에스파냐 왕실에 굴복하지 않으면 아내와 자식들을 사로잡아 노예로 만들 것이다."라는 칙령을 발표했다. 그 뒤로 이 지역에서는 백인들만의 황금〔Gold〕, 복음〔Gospel〕, 영광〔Glory〕이라는 '3G 정책'이 추구되었다. 반대하는 원주민들은 무차별적으로 학살당했다.

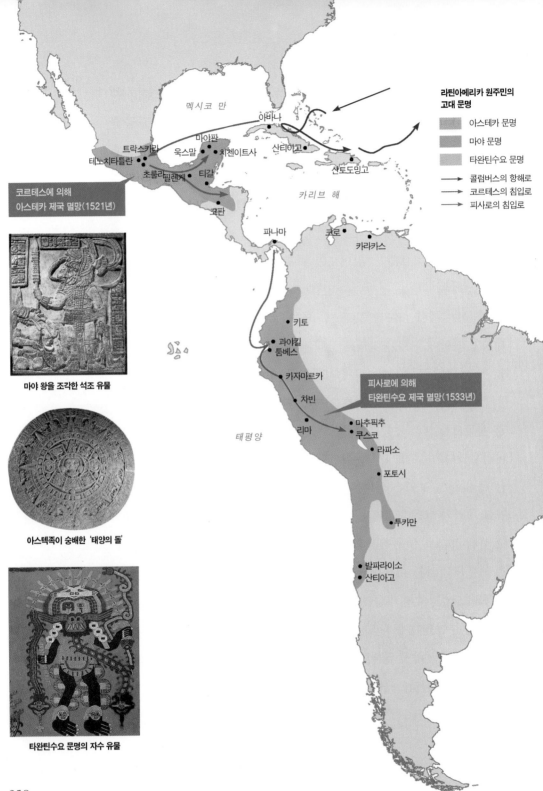

라틴아메리카 원주민의 고대 문명

- 아스테카 문명
- 마야 문명
- 타완틴수요 문명
- → 콜럼버스의 항해로
- → 코르테스의 침입로
- → 피사로의 침입로

멕시코 만

아바나

마야판

트락스칼라 욱스말 치첸이트사 산티아고

테노치티틀란 티칼 산토도밍고

초룰라 필렌케 코판

카리브 해

**코르테스에 의해
아스테카 제국 멸망(1521년)**

파나마

코로

카라카스

키토

과야킬 툼베스

카자마르카

차빈

**피사로에 의해
타완틴수요 제국 멸망(1533년)**

리마 마추픽추

쿠스코

라파소

태평양

포토시

투카만

발파라이소

산티아고

마야 왕을 조각한 석조 유물

아스텍족이 숭배한 '태양의 돌'

타완틴수요 문명의 자수 유물

타완틴수요 문명의 유적 '마추픽추' 전경

유럽의 침략자들이 저지른 학살로 라틴아메리카 원주민 인구는 감소했다. 그런데 원주민 인구가 감소한 원인은 또 있다. 유럽인에게서 옮은 질병이다. 장티푸스 같은 질병은 본래 아메리카에 없었기 때문에 원주민들은 저항력을 갖고 있지 않았다. 질병뿐 아니라 극심한 노동 착취에도 수많은 원주민들이 죽어 갔다. 예컨대 산토도밍고의 인구는 처음 백인들에게 정복될 때는 20만 명이었으나 20년 뒤 1만 4000명, 다시 30년 뒤에는 겨우 200명으로 줄어들었다. 이러한 비극은 라틴아메리카 전역에서 일어났다.

1720년에는 '파젠다'라는 제도가 생겼다. 백인의 토지 소유를 전면적으로 보장하는 이 제도를 통해 원주민들은 모두 토지를 뺏기고 노예로 전락하게 되었다. 원주민 인구가 급격히 줄어들자 많은 광산과 농장 일을 감당할 수 없었던 백인들은 아프리카에서 흑인 노예들까지 끌고 왔다.

라틴아메리카 원주민들이 얼마나 철저하게 인종적 학대를 당했는가는 그들의 생김새에서 쉽게 알 수 있다. 식민 지배로 강압적인 혼혈이 일어나면서 자기 선조들의 모습까지 잃어버린 것이다. 라틴계 백인과 원주민 사이에 태어난 사람을 '메스티소'라고 하는데, 이들의 인구가 라틴아메리카에서 제일 많다. 그리고 백인과 흑인 사이의 혼혈인은 '물라토', 흑인과 원주민 사이의 혼혈은 '삼보'라고 한다. 19세기 초 라틴아메리카 인구 1700만 명 가운데 메스티소가 대부분인 원주민 계통은 750만 명, 물라토를 포함한 흑인계는 530만 명, 유럽계 백인은 30만 명, 라틴계 백인은 270만 명, 흑인은 77만 명 정도를 차지했다.

이민족의 침탈로 인한 혼혈의 역사를 갖고 있는 라틴아메리카, 그중에서도 콜롬비아는 메스티소의 슬픔이 계속되는 곳이다. 메스티소들은

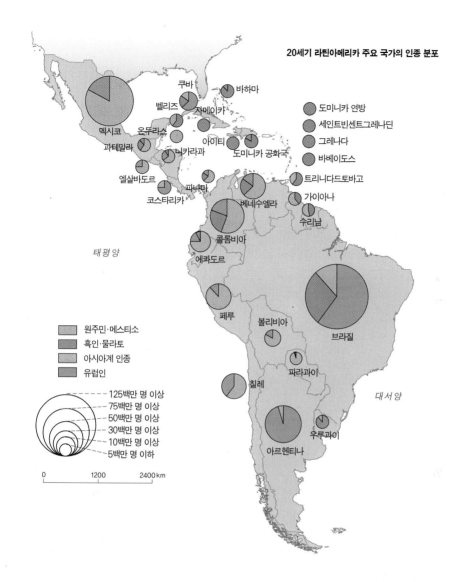

20세기 라틴아메리카 주요 국가의 인종 분포

쿠바
바하마
벨리즈
자메이카
도미니카 연방
세인트빈센트그레나딘
그레나다
바베이도스
멕시코
온두라스
아이티
과테말라
도미니카 공화국
니카라과
트리니다드토바고
엘살바도르
가이아나
파나마
코스타리카
베네수엘라
수리남
콜롬비아
에콰도르

태평양

페루
볼리비아
브라질

원주민·메스티소
흑인·물라토
아시아계 인종
유럽인

파라과이

칠레

대서양

125백만 명 이상
75백만 명 이상
50백만 명 이상
30백만 명 이상
10백만 명 이상
5백만 명 이하

우루과이

아르헨티나

0   1200   2400 km

날뛰는 투우에게 받혀 죽거나 큰 부상을 입는 일을 숱하게 겪으면서도,
여전히 백인 농장주들이 뿌리는 돈을 주우려 경기 출발선에 선다. 백인
과 혼혈인의 빈부 차이가 줄어들지 않고 있기 때문이다.

일곱째 마당

세계와 한국

무기가 된 먹을거리

세계 8대 불가사의에 도전하다

철의 비단길을 따라서

지속 가능한 한류를 위해

무기가 된 먹을거리

곡물 메이저와 우리나라 농산물

중부 아프리카에 있는 콩고민주공화국은 열대 우림과 사바나가 발달해 있다. 이 나라에 곡물 메이저—전 세계에 곡물 생산지와 수요처 지점 망을 갖추고 세계에 곡물을 수출입하는 다국적 기업을 말함—인 콘티 넨털 사가 1973년 현대적 시설을 갖춘 밀가루 공장을 세웠다.

콩고민주공화국의 남부에는 구리가 워낙 많이 나서 '코퍼 벨트〔구리 지대〕'라고도 불리는 샤바 지방이 있다. 그리고 여기에 공기업인 구리 생산 공장이 있었다. 어느 날 이 공장에 사고가 나고 구리의 수출 가격 마저 떨어져 경영이 어려워졌다. 그래서 콩고 정부가 구리 생산 공장에 돈을 빌려 준 콘티넨털 사한테 빚을 제대로 갚지 못하자 콘티넨탈 사는 이 나라 사람들이 자기 회사 밀가루에 의존한다는 약점을 이용해, 빚을 갚지 않은 대가가 무엇인지를 보여 주었다. 밀가루 공급량을 확 줄여 버린 것이다.

효과는 바로 나타났다. 빵집 앞에 사람들이 떼 지어 줄을 서고, 빵집 은 매점매석에 열을 올렸다. 콘티넨털 사는 밀가루 공급을 완전히 중단 한 게 아니고 그저 압력을 넣느라 공급량을 줄인 것뿐이었다. 콩고민주 공화국 정부는 당황해하며 콘티넨털 사 대표와 급히 만났고, 회사 측 요구를 무조건 받아들였다. 즉 무슨 일이 있어도 이제까지 쌓인 빚을 매달 얼마씩 갚아 나가야 하고, 생산된 밀가루는 정부가 현금으로 사들여야 하며, 특별한 경우를 제외하고는 미국의 밀만 수입하되 이에 대해서 콘티넨털 사가 독점권을 갖는다는 내용에 합의한 것이다. 이는 주권의 일부를 포기한 것이나 마찬가지였다.

기업만 곡물을 무기로 다른 나라에 압력을 가하는 것은 아니다. 국가도 곡물을 무기로 다른 나라의 정치·경제에 영향력을 행사한다. 칠레 국민들이 1970년 아옌데를 대통령으로 선출했을 때 미국은 민족주의적이고 사회주의적인 새 칠레 정권을 무너뜨리기 위해 '식량 공급 중단'이라는 방법을 쓰기도 했다. 아옌데 정권이 무너진 다음 등장한 친미 군사 독재 정권에게 미국이 다시 식량을 원조한 것은 당연한 일이었다. 세계 곡물 수출의 반을 차지하는 미국은 이 밖에도 여러 나라에 정치·문화·경제적 영향력을 행사해 왔다.

이와 같은 사건들은 석유 같은 천연 자원이나 과학 기술과 더불어 식량도 한 국가의 운명을 바꿀 수 있음을 보여 준다. 이를 두고 칠레의 어느 농업부 장관은 "식량 수출을 지배하는 자가 세계를 지배한다."고 말하기도 했다.

곡물 유통에는 엄청난 자본과 기술, 정보력이 필요하다. 세계 5대 곡물 메이저의 하나로 미국에 본사를 두고 있는 카길 사는 60개 나라에 10만 100명에 이르는 직원들을 거느리고 있을 만큼 자본 규모가 대단하다.

카길 사는 곡물 거래로 창업했지만 사료, 석탄, 식염, 제분, 육가공, 커피 무역, 비료, 종자 개발, 철강, 금융 서비스 등 다양한 분야로 사업을 확대했다. 1985년 우리나라에 진출한 '카길 코리아'는 충청도, 전라도, 경상도에 대규모 사료 가공

세계 밀 수출량과 쌀 수출량
(2003) 미국은 두 농산물의 수출량이 모두 많다.

기타
27.9%

미국
24.0%

밀
141.25
(억 달러)

캐나다
17.6%

프랑스
14.9%

오스트레
일리아
15.6%

기타
39.4%

태국
25.6%

쌀
63.83
(억 달러)

미국
13.1%

중국
8.8%

인도
13.1%

공장을 세우고 축산 농가에 사료를 공급하고 있다. 카길 사의 곡물 저장 능력은 탁월하며, 최신 장비를 갖춘 밀가루 공장 내부는 화학 공장처럼 체계적이고 치밀하다.

곡물 메이저에서는 옥수수, 밀 같은 곡물의 개량종도 공급하는데, 이들 중 교배종이기 때문에 재생 능력이 없어 한 세대만 자라는 것도 있다. 이럴 경우 농민들은 해마다 종자를 사야 하는 불이익을 감수해야 한다.

카길 코리아 항의 방문 우리 나라 여성 농민회 총연합 회원들이 2004년 12월 경기도 분당의 카길 코리아 사무실에 찾아가 쌀 시장 개방을 반대하는 구호를 외치고 있다.

곡물 메이저의 정보력은 정말이지 놀랍다. 예를 들어 과거에 미국산 밀, 옥수수, 콩, 보리 4000만t이 소련으로 수출되었는데 도대체 얼마에 거래되었는지 미국 정부도 알지 못했다. 오로지 곡물 수출입을 담당한 극소수의 사람들만 알고 있었을 뿐이다. 콘티넨털 사는 인공위성을 하루에 세 번씩 띄워 소련의 흉작 정도를 조사했다고 한다. 곡물 부족 상황을 시시때때로 확인했을 만큼 곡물 메이저의 정보력은 대단하다.

곡물이 거래되는 시장에는 수많은 변수가 있다. 가격, 수송 편의, 구매력, 기후, 환율 변화, 창고 보관 능력, 정치 동향 따위는 그 일부에 지나지 않는다. 곡물 메이저는 하루에 수만 건의 보고를 받고 있는데, 이 것은 웬만한 나라의 정보 당국이 수집한 전체 정보의 양보다 많다. 그러면서도 그들은 자기 회사에 관한 정보는 비밀로 하려고 한다. 카길 사는 "우리 고객 중 99%는 우리 이름을 들은 적도 없다."고 자랑한다. 콘티넨털 사의 한 소유주는 "내 이름이 신문에 나는 것보다 차라리 거금을 잃는 게 낫다."고 했다.

세계적인 곡물 메이저의 소유자인 유대인 번지는 팜파스가 있는 아르헨티나에 근거지를 두고 있는데, 다른 사람들 눈에 띄는 것을 싫어하고 인터뷰에도 전혀 응하지 않아 신비한 인물로 알려져 있다. 이렇게 정체를 철저히 감추려고 했는데도, 번지 사는 사장을 포함한 두 명이 페론청년운동단체 회원에게 납치되어 몸값으로 6000만 달러를 지불해야 했다. 그리고 몇 년 뒤에는 번지의 손자가 납치당한 뒤 시체로 발견되기도 했다.

카길, 콘티넨털 같은 곡물 메이저를 거느린 미국은 세계적으로 먹을거리를 많이 생산하고 또 많이 수출하고 있다. 농사에 유리한 자연 환경과 풍부한 자본, 높은 기술 수준 덕분이다.

미국은 1940년대 후반부터 농산물이 눈에 띄게 남아돌기 시작했다. 잉여 농산물 때문에 생길지도 모르는 시장 가격의 폭락을 막으려고, 미국 정부는 재배 면적을 줄인 농민들에게 금전 보상까지 해 주었다. 그래도 남아도는 농산물은 정부가 사들이다시피 해 곡물 메이저의 창고에 보관했다. 그런데도 잉여 농산물 문제는 해결되지 않았다. 미국 정부는 이 문제를 해결하는 데 골머리를 앓다가 미국계 곡물 메이저와 함께 다른 방법을 찾았다. 다른 나라 사람들에게 미국식 식생활을 길들이는 것이었다.

제1의 목표 대상은 세계 인구의 반을 차지하는 아시아 사람들이었다. 그들에게 쌀 대신 빵을 먹는 음식 문화를 퍼뜨린 결과, 남아도는 농산물을 어

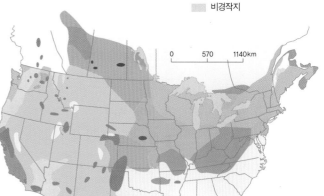

미국의 농산물 생산 분포

- 밀
- 옥수수
- 낙농
- 혼합
- 목화
- 방목
- 관개
- 지중해식 농업
- 비경작지

0   570   1140km

느 정도 처리할 수 있었다. 그뿐만 아니라 고기와 유제품을 먹는 식습관을 장려함으로써 아시아 국가들이 축산업과 낙농업에 드는 사료 곡물을 수십억 달러씩 수입할 수밖에 없게 했다. 이는 미국이 무역 수지를 유지하는 방법이었다. 이렇게 해서 벼농사 지대인 아시아에서 빵과 고기를 먹으려고 밀과 옥수수를 수입하게 되었다. 아시아에서 먹을거리를 미국에 의존하는 정도가 커질수록 미국에 돌아가는 정치·경제적 이익은 커졌다.

정복 민족은 피정복 민족의 문화와 생활 습관을 바꾸지만, 제2차 세계대전 이후 미국만큼 패전국의 식생활까지 바꾸어 놓은 일은 역사상 유례를 찾기 어렵다. 전쟁 전 일본에서 먹고 있었던 밀가루 음식은 우동 종류에 지나지 않았는데, 전쟁 후 미국에 의해 점점 빵을 즐겨 먹게 되었다. 타이완에서는 장제스 총통이 "밀을 먹는 것은 애국적인 행위다."라고 선전함으로써 미국에 봉사했다.

한편 미국 농무성 대표들은 오랫동안 농산물 시장 개척을 위해 여러 방법을 동원했다. 우리나라 사람들에게 비스킷 소비를 장려한 미국 농림부 장관은 성공적인 결과에 만족했다. 일본에서는 학생들에게 손을 자주 씻게 하는 캠페인을 벌였다. 위생 상태 향상이라는 구실을 내세웠지만, 실제 목적은 미국이 자기 나라 농산물을 원료로 한 비누를 많이 팔려는 것이었다. 그리고 독일에 식량 원조를 할 때는 프라이드치킨을 보냈다. 이후 독일인들의 입맛이 바뀌어, 식량 원조가 끊긴 뒤에도 독일 전역의 음식점과 식품점에서 프라이드치킨을 사 먹게 되었다.

쌀을 비롯한 우리나라 농산물들은 대체로 다른 나라에 비해 몇 배 비싸다. 우루과이라운드가 타결됨에 따라 미국을 비롯한 농산물 생산 대국들은 자유 무역을 내세워 우리나라에 시장 개방을 요구하고 있다. 그런데 이 요구를 받아들일 경우 우리 농업은 타격을 입게 된다. 이 제도에서는 세계 농산물이 싼 가격에 거래되므로, 비교적 비싼 우리 농산물은 가격 경쟁력에서 밀려 팔리지 않기 때문이다. 너도나도 값싼 외국 농산물을 사 먹느라 조상을 기리는 제사상에조차 외국산 먹을거리들을 올릴 형편이 되는 것이다.

비교 우위 이론에 근거해, 먹을거리 생산이 불리한 나라가 생산비가 싼 나라에서 농산물이나 축산물을 수입해 먹으면 경제적이라고 할 수 있을까?

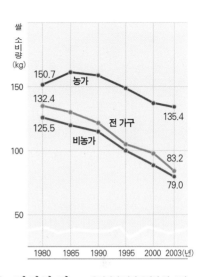

우리나라 연간 1인당 쌀 소비량 변화

농산물의 해외 의존도가 높아지면, 외국의 곡물 메이저는 당연히 값을 부당할 만큼 많이 올리게 된다. 그래도 생계를 유지하려면 값비싼 농산물이라도 수입해 먹을 수밖에 없다. 그런데 곡물 메이저는 자기 나라 국민들이 먹을 농산물은 몸에 해롭지 않게 가공하면서, 다른 나라 국민들이 먹을 농산물에는 해로운 소독 물질이나 농약을 많이 넣는다. 예를 들어 수출용 쌀은 건조기에서 뜨거운 연기로 거의 볶듯이 소독하고, 이 과정에 온갖 농약을 첨가한다. 게다가 배를 타고 태평양을 건너오는 동안 썩지 않도록 농약을 또 넣는다.

우리가 먹을거리를 외국에 많이 의존하게 되면 이와 같이 건강과 생명이 위태로워질 수 있다. 그 밖에 먹을거리 수출국의 횡포에 정치·경제적으로 휘둘릴 수 있으며, 대대로 이어진 농경 문화와 음식 문화가 사라질 위기에 처하게 된다.

논은 자연 생태계 중 생산성이 가장 높은 습지와 그 환경이 비슷하다. 이런 까닭에 논이 줄어들면 우리나라 토지는 비옥도가 떨어지게 된다. 그리고 논은 물을 저장하는 저수지와 같아 여름철 집중 호우 때 홍

남해군 가천마을의 다랭이논
산간 지대 선조들이 벼농사를 지으려고 오랜 세월 산비탈을 깎아 만든 논이다. 점점 사라져 가는 농경 문화의 소중함과 계승의 가치를 일깨우기 위해 국가에서 '명승 15호' 문화재로 지정했다.

수 피해를 줄이는 기능이 있다. 토양 침식도 막아 주고, 대기 오염도 줄여 준다. 또 우리의 목숨을 이어 온 논농사는 전통 문화의 토대가 된다. 그래서 여러 형태의 논 가운데 일부 논은 국가에서 문화재로 지정할 정도이다. 경상남도 남해군에 있는 다랭이논[계단식 논]이 그 예이다.

세계 8대 불가사의에 도전하다

리비아 대수로 공사의 역군 '한국인'

중국의 만리장성, 이집트의 피라미드, 이탈리아 피사의 사탑 등 인간의 힘으로 이루었다고 믿기 어려운 대표적인 일곱 가지 사례들을 모아 '세계 7대 불가사의'라고 한다. 그런데 세계 8대 불가사의로 기록될 만한 일이 한국인의 손으로 이루어졌다. 바로 세계 최대의 사막인 사하라 사막을 옥토로 바꾸는 사업이다.

'사하라'는 아랍어로 '황량한 땅'을 뜻하는 말이다. 이름의 뜻에서도 나타나지만, 사하라 사막은 생활에 지극히 불리한 곳이다. 면적이 약 860만km²이며, 동서 길이가 약 5600km, 남북 길이가 약 1700km이다. 여기에는 면적 130만km²의 리비아 사막이 포함되어 있다. 이렇게 광활한 사하라 사막이 온통 모래로 덮여 있을 것이라고 생각한다면 잘못이다. 전 세계 어느 사막이나 마찬가지지만, 사하라 사막에서 모래로 덮여 있는 지역은 20% 정도이고 나머지는 암석으로 이루어져 있다. 이 사막은 여름 평균 기온이 35°C 이상으로, 세계에서 일교차가 가장 큰 지역이다.

사하라 사막은 척박한 자연 환경 때문에 오랜 세월 버려진 땅으로 있었다. 세계 4대 문명의 발상지 중 하나인 이집트도 사막의 오아시스만 소유했고, 카르타고인들은 지중해 연안에만 거주했으며, 로마인들도 사

위성으로 촬영한 사하라 사막

막의 변두리인 해안 근처만 점령했다.

7세기 중엽에서 11세기 중엽까지 아랍인들은 사하라 사막에 침입해 북쪽의 해안 지대를 점령했다. 아랍인들은 강력하게 항거하는 내륙의 베르베르족과 싸워 이겨서 사하라 북쪽을 불태우고 사막을 넓히기도 했다. 결국 아랍인들은 베르베르족의 항거에 밀려서 쫓겨났지만, 그들이 믿던 이슬람교는 북아프리카 전역으로 전파되었다. 지금 사하라 사막 북부에서는 모두 이슬람교를 믿고 있다.

유럽인들의 사하라 사막 침략은 이보다 훨씬 뒤에 이루어졌다. 유럽인들 중에서 프랑스의 르네 갈리에가 1828년 처음으로 5700km를 걸으면서 탐험했다. 그의 탐험으로 이 지역 사정을 알게 된 프랑스는 1830년부터 침략을 시작했다. 1850년까지 북아프리카 지역은 대부분 프랑스의 식민지가 되었다. 100년 가까이 식민 지배를 받은 이 지역 주민들은 제2차 세계대전 이후에 독립했다. 프랑스를 상대로 5년 동안 힘겨운 독립 전쟁을 치른 뒤였다.

리비아도 프랑스 식민지였는데, 1951년 12월 리비아 연합 왕국으로 독립했다. 하지만 많은 희생이 따랐다. 국가 경제는 매우 어려웠고 국민들은 생활고에 시달렸다. 하지만 왕족만은 풍족하게 살았다. 빈부 차이가 매우 커지자 국민들은 변화를 요구했다. 그래서 탄생한 것이 현재의 카다피 정권이다. 카다피는 아랍 민족주의, 반제국주의, 반시오니즘을 외교 정책의 기초로 삼아 1970년 3월과 6월에 영국군과 미국군 등 외국 군대를 철수시키고 아랍 사회주의를 제창했다. 그리고 왕정을 폐지하고 공화정으로 정치 체제를 바꾸었다. 카다피 정권은 국민들의 절대적인 지지를 받아 지금까지 이어지고 있다.

리비아는 면적이 약 175만km², 2003년 기준으로 인구가 551만 명 정도 되는 산유국이다. 수출 총액의 99%를 석유 수출에 의존할 정도로 석유 개발 이외에는 다른 산업이 거의 발달하지 못했다. 특히 경작이 가능한 지역은 국토 전체 면적의 1.4%에 지나지 않으며 농업 용수가 절대적으로 부족해서 관개 농지는 0.1%뿐이다.

그런데도 리비아 사람들은 식량을 자급할 뿐만 아니라 세계의 대표적인 식량 수출국이 되는 꿈을 갖고 있다. 그들은 "식량을 외국에 의존하는 한 진정한 독립이란 있을 수 없다!"라는 정신으로 식량을 자급할 수 있는 방법을 찾으려고 노력해 왔다. 언젠가 석유가 고갈되리라는 사실을 잘 알고 있었기 때문에, 리비아 정부가 집권 이후 가장 중요하게 여긴 것은 '녹색 혁명'이었다. 녹색 혁명의 기치 아래 모든 산업을 육성하고 사회 복지를 향상시키려는 계획이 세워졌다. 이 계획은 현재 각

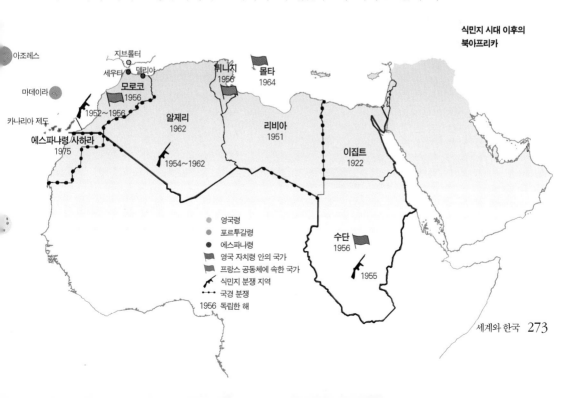

식민지 시대 이후의
북아프리카

리비아 대수로 공사 현장 지름 4m, 무게 75 톤, 길이 7.5m의 송수관을 1단계 공사에서는 약 25만 개, 2단계 공사에서는 약 19만 개 설치했다. 맨 아래 사진은 대수로로 끌어 온 물을 담아 놓은 거대한 저수지다.

274

분야에서 강력하게 추진되고 있다.

사막을 옥토로 바꾸는 사업도 녹색 혁명의 기치 아래 계획된 것이다. 그 결실이 GMR〔The Great Man-Made River〕사업이다. GMR 사업이란 '대수로 공사'라고 할 수 있다. 이 공사의 목적은 리비아 동남부와 서남부 사막 지대의 풍부한 지하수를 개발한 뒤 지중해 연안까지 물을 끌어 와서 농업 용수, 산업 용수, 식수 등을 조달하는 것이다. 이 지하수 양은 세계에서 가장 긴 나일 강의 200년간 유량에 해당할 만큼 많다.

대수로 공사의 핵심인 'PCC 관 생산 공장'의 준공식 1986년 8월 카다피(왼쪽에서 두 번째)를 비롯해 그 당시의 공사 관계 인사와 현지 주민 등 3천여 명이 참석한 가운데 거행되었다.

리비아 대수로 공사는 녹색 혁명의 근간이 되는 사업이다. 즉 리비아의 석유 고갈에 대비한 정책적인 대체 산업이고, 농업을 비롯한 산업들을 육성하려고 리비아 정부가 계획한 세계 최대 규모의 단일 사업이다. 이 사업이 우리나라 기술과 인력으로 이루어지고 있다. 1874km에 이르는 36억 달러짜리 1단계 수로 공사는 완공되었고, 1449km에 이르는 46억 달러짜리 2단계 수로 공사가 2006년 말 현재 마무리 단계에 있다. 이후 3, 4, 5단계 공사도 계속 시행할 예정이다. 리비아의 국가원수인 카다피는 기공식에서 "리비아 대수로 공사는 이집트의 피라미드, 중국의 만리장성에 버금가는 불가사의한 작품이 될 것이다."라고 말했다.

세계 8대 불가사의의 하나로 기록될 리비아 대수로 공사의 역군 '한국인'은 이역만리 뜨거운 사막에서 대역사를 이루기 위해 기술과 노력을 쏟아 붓고 있다. 사막을 옥토로 바꾸는 사업의 성공은 우리 민족의 우수성을 다시 한번 세계에 떨치는 자랑스러운 일이다.

철의 비단길을 따라서

시베리아의 자연 환경과 한인의 역사

시베리아는 지금 러시아 땅이지만 원래는 퉁구스족, 사모예드족 등 여러 민족이 살고 있었다. 14세기 무렵 러시아인 모피상들이 오브 강 하류로 진출했으며, 그 밖에 많은 러시아인들이 모피를 비롯해 금, 은 등을 얻으려고 동쪽으로 나아갔다. 마침내 이들은 1639년 태평양까지 도달했으며, 이때 시베리아 원주민들을 정복했다. 이후 시베리아 개발은 동쪽으로 서서히 진행되어 갔다.

시베리아의 자원 개발은 임산 자원에서 시작되었다. 이 지역은 세계 최대의 삼림 지대인 타이가가 형성되어 있다. 초기에는 목재가 대부분 가공되지 않은 채 우랄 산맥 서쪽으로 운송되어 그곳에서 가공되어 판매되었다. 과거 소련의 공업 특징은 원료와 동력이 결합된 공업 지역인 '콤비나트'를 형성했다는 점이다. 시베리아에도 석탄 같은 동력 자원과 철광석 같은 지하 자원이 풍부하여 콤비나트가 형성되었다. 콤비나트 형성으로 시베리아에서도 목재가 가공되었다. 동력 자원의 중심이 석탄에서 석유로 옮겨 가면서 석유와 천연가스도 이 지역에서 개발되었다. 자원 개발과 콤비나트 건설로 시베리아의 인구가 증가함에 따라 시베리아 횡단 철도 역을 중심으로 도시화가 진행되었다. 노보시비르스크 같은 곳은 인구 140만 명이 넘는 큰 도시로 성장했다.

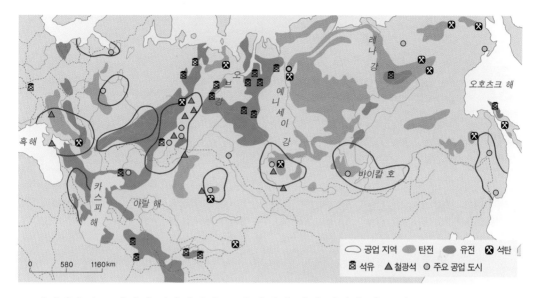

시베리아에는 자원이 풍부하지만 극히 불리한 자연 환경과 인문 환경 때문에 개발에는 많은 어려움이 따른다. 남북 방향으로 달리는 산맥과 하천 때문에 동서 간의 교통이 매우 불편하다. 그리고 겨울이 혹독하게 춥고 길어서 대부분의 지역에서 농사를 지을 수 없다. 또한 툰드라 토양은 해빙기에는 녹아서 물이 잘 안 빠지는 늪을 이루다가 결빙기에는 얼어서 지형이 바뀌므로 건축과 도로·철도 건설이 어렵다. 이런 조건에서는 생활이 불편하여 유입되는 인구가 적을 수밖에 없다. 따라서 시베리아 개발에서 노동력 부족 문제는 심각했다. 이 문제를 해결하기 위해 스탈린 철권 통치 시절에는 시베리아에 강제 수용소를 만들어 죄수나 반체제 지식인들을 강제 이주시키는 정책을 펴기도 했다.

시베리아는 여름에 서늘하며, 겨울은 길고 매우 춥다. 이러한 기후 특성 때문에 철도 외에는 교통 수단이 발달하기 어려웠다. 1916년 마침내 시베리아 횡단 철도〔TSR : Trans-Siberian Railway〕가 완공되었다.

시베리아의 천연 자원과 콤비나트

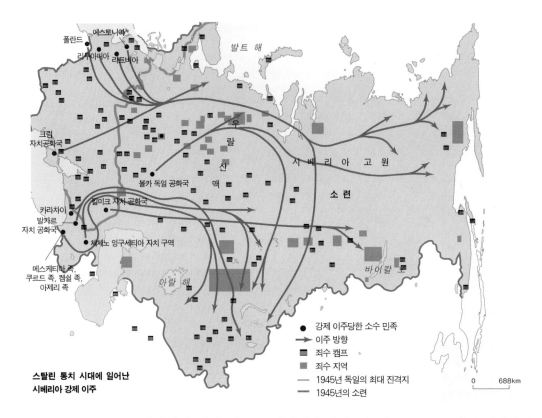

지도 내 라벨:

폴란드
에스토니아
리투아니아 라트비아
발트 해
크림
자치공화국
우 랄
시베리아 고원
산
볼가 독일 공화국
맥
소 련
카라차이
발카르
자치 공화국
칼미크 자치 공화국
체첸노 잉구세티아 자치 구역
메스케티아족,
쿠르드 족, 쿰쉴 족,
아제리 족
아랄 해
바이칼 호

● 강제 이주당한 소수 민족
→ 이주 방향
▦ 죄수 캠프
▩ 죄수 지역
— 1945년 독일의 최대 진격지
— 1945년의 소련

0   688km

**스탈린 통치 시대에 일어난
시베리아 강제 이주**

시베리아 횡단 철도는 세계에서 가장 긴 철도로, 1891년에 건설되기 시작했다. 시베리아의 지하 자원은 과학 기술이 고도로 발달한 지금까지도 총량을 측정하기 어려울 만큼 풍부한데, 시베리아 횡단 철도가 완공되면서 본격적으로 개발에 들어갔다.

시베리아 횡단 열차는 날마다 오전 10시면 모스크바를 출발해 블라디보스토크까지 약 9300km를 166시간(약 7일)에 걸쳐 달린다. 모스크바를 출발해 27시간 2분 만에 도착하는 예카테린부르크 역(우랄 산맥)에서 그 동쪽을 시베리아라고 한다. 광활한 지역인 시베리아는 예니세이 강까지를 서시베리아, 예니세이 강에서 레나 강까지를 중앙시베리아, 레나 강 동쪽을 동시베리아로 구분한다. 동시베리아에는 극동 시베리아가 포함된다.

극동 시베리아에는 임산 자원과 수산 자원뿐 아니라 동력 자원으로 석탄, 석유, 천연가스가 풍부하다. 천연가스 매장량은 수십 조 세제곱미터나 된다. 이 지역은 사우디아라비아 등 서남아시아를 대체할 수 있는 한국의 주요 에너지 공급원으로서 중요하다. 자원의 해외 의존도가 높은 우리나라는 지속적인 경제 성장과 경쟁력 강화를 위해 장기적이고 안정적인 에너지원을 확보할 필요가 있다. 그래서 우리는 러시아 중앙 정부를 비롯해 극동 러시아 지방 정부, 그리고 러시아의 기업과 절대적으로 긴밀한 관계를 맺어야 한다. 한·중·일 동아시아의 세 나라는 이 동력 자원에 예민한 관심을 보이고 있다. 중국과 일본은 이 자원을 수입하기 위해 경쟁적으로 러시아에 대한 경제 협력을 제시하고 있으며, 우리나라도 이곳에서 북한을 지나는 파이프 라인을 끌어 올 계획을 세우고 있다.

극동 시베리아의 태평양 연안에 위치한 연해주는 식량 자원을 공급할 수 있는 곳이기도 하다. 우리나라 일부 기업이 이곳에서 식량을 생산하고 있으며, 목축업에도 투자할 수 있다. 러시아는 화석 자원, 광물 자원 개발에 우리의 자본과 선진적인 기술을 간절히 기대하고 있는 실정이다. 이곳에는 한인들이 많이 살고 있고, 또 북한과 인접해 있기 때문에 지역 개발에 동포와 북한의 노동력을 활용할 수 있다.

지금은 러시아 영토인 연해주의 역사는 우리나라와 관련이 깊다. 연해주는 우리 선조들이 조선 시대에 국내 정세를 불안해하며 가까운 신천지를 찾아 떠나와 1860년경부터 터를 닦고 살았던 곳이다. 역사를 더 거슬러 올라가면 고구려와 발해의 영토였고, 일제 강점기에는 우리나라 독립 운동의 무대이기도 했다. 1937년 스탈린 치하에서 자행된

'한인 강제 이주 정책'에 따라, 18만여 명의 우리 민족이 척박한 중앙아시아로 쫓겨난 비극의 장소이기도 하다. 강제 이주 때 화물용 시베리아 횡단 열차에 몸을 실은 한인들은 소금 절인 돼지고기와 밀가루로 연명했다. 그러다가 굶주림 등의 이유로 1만 5000여 명이 열차 칸에서 죽어 갔다. 40여 일 만에 중앙아시아에 내던져진 한인들은 또다시 삶의 터전을 닦는 과정에서 이민족으로 피눈물 나는 설움과 고통을 감내해야 했다.

현재 한인들은 러시아를 비롯해 중앙아시아 여러 지역에 흩어져 살아가고 있다. 외교통상부에 따르면 이들의 인구는 50여만 명으로, 결코 적지 않다. 우리는 경제적인 차원에서뿐 아니라 같은 한민족이라는 차원에서도 이들과 서로 관계를 맺을 필요가 있다. 배타적인 민족주의를 피하면서 효과적인 한민족 네트워크를 만들어 나가야 한다. 그러기

1920년대 초반 연해주의 조선인 거주 현황과 현재 블라디보스토크의 모습 블라디보스토크는 제2차 세계대전 때 일본과의 격전이 치러진 군항으로, 당시의 대포들이 아직도 남아 있다.

조선인 다수 분포 지역(1920년대)
독립군 주요 근거지(1920년대)

하바로프스크

밀산

무단장

블라디보스토크

길림

봉오동

연길

유허

홍경

혜산진

단동

신의주

평양

원산

위해서는 무엇보다 수평적인 관계를 통해 서로 도움이 될 수 있어야 한다. 본국과 동포가 상호 이해를 충족시키면서 역사적·문화적 유대 관계를 유지할 때 튼실한 네트워크 건설이 가능하다.

시베리아 횡단 열차는 우리나라의 수출과 경제 성장에 큰 영향을 미친다. 국내 기업들은 디지털 텔레비전·냉장고·에어컨 등 국산 가전 제품의 반 이상을 시베리아 횡단 철도를 이용해 유럽에 수출하고 있다. 그런데 러시아는 2005년 12월 기준으로 컨테이너(40ft 크기) 한 개당 400만 원 가까이 되는 운송료를 30% 정도 올릴 계획이다. 이렇게 운송료가 오르면 결국 상품 가격을 5~10% 올릴 수밖에 없어서 유럽 시장에서의 경쟁력이 낮아진다. 하지만 운송료를 올린다고 해도 우리나라 기업은 뾰족한 대책이 없는 형편이다.

몇몇 전자 회사는 장기적으로 시베리아 횡단 철도를 이용하는 수출

시베리아 한인들의 이주·분포 현황과 시베리아 횡단 열차 모습

쿠스타나이
카자흐스탄
카라간다
러시아
크라스노야르스크
이르쿠츠크
치타
하바로프스크
투르크메니스탄
크질오르다
타슈켄트
우즈베키스탄
사마르칸트
우슈토베
몽골
중국
블라디보스토크
아프가니스탄
타지키스탄
키르기스스탄
대한민국

1860년대 이후 극동 한인 거주지
한인 강제 이주 경로
현재 중앙아시아 한인 거주지
1937년 집중 이주 지역

물량을 줄이고, 해상 운송 등 대체 수단으로 바꿀 대책을 마련하려는 움직임을 보이고 있다. 그러나 이 방법에는 문제가 따른다. 시베리아 횡단 철도를 이용할 경우 운송 기간이 20일 정도 걸리지만 해상으로 운송할 경우 35일이나 걸리는데다 상품이 제때 도착하지 못할 수 있다. 시베리아 횡단 철도를 이용하는 데 따르는 이점이 큰 만큼 우리는 계속 러시아의 시베리아 횡단 철도 정책과 대안 마련에 관심을 기울일 필요가 있다.

시베리아 횡단 철도는 모스크바에서 서쪽으로 벨로루시의 민스크-폴란드의 바르샤바-독일의 베를린-프랑스의 파리와 연결되어 있다. 열차를 타면 북서쪽으로 상트페테르부르크를 지나 북유럽으로 연결되어 있고, 남쪽으로는 우크라이나와 동유럽으로 이어져 있다. 앞으로 우리가 시베리아 동쪽 구간에서 시베리아 횡단 철도를 이용하는 방법은

시베리아 횡단 철도의 경제적 가치 북한을 경유해 유럽까지 시베리아 횡단 철도를 이용해 상품을 수출하면 운송 기간을 반쯤 줄일 수 있다.

북한-중국을 지나는 방법, 북한-중국-몽골을 지나는 방법, 북한에서 러시아로 들어가는 방법 등이 있다. 하루빨리 남북이 통일되고, 철도와 도로가 중국이나 연해주를 거쳐 유럽, 동남아시아, 서남아시아로 연결되는 날이 와야 할 것이다. 이것은 사람과 물자가 이동하는 데 큰 도움이 된다.

배낭을 멘 우리나라 젊은이들이 아시아를 지나 유럽, 아프리카로 열차나 버스를 타고, 때로는 걸어서 자유롭게 여행하는 날이 온다면 얼마나 행복할까? 러시아 전역에서 소수 민족 '고려인[까레이스키]'으로 살아가는 한인의 역사를 이해하고, 여전히 고단하게 살아가는 그들의 사회에 다가갈 수 있는 길도 열리게 될 테니 손꼽아 기다릴 만하지 않을까?

범례
철도망
해양 개발축
대형 선박 운송망
선택적 대형 선박 운송망
TSR(시베리아 횡단 철도)
TCR(중국 대륙 횡단 철도)
TMGR(몽골 횡단 철도)
TMR(만주 횡단 철도)

러시아
이르쿠츠크
울란우데
TSR
치타
TMR
울란바토르
하바로프스크
하얼빈
TMGR
블라디보스토크
베이징
선양
나진
시안
산의주
TCR
장저우
평양
서울
쉬저우
목포 부산
일본
고베 요코하마
중국
상하이

동북아시아 철도 연결 사업 계획

지속 가능한 한류를 위해

한류 열풍과 세계 문화 교류

한류의 영향으로 해마다 외국인 관광객의 입국이 늘고 있다. 2004년 한 해 동안 30만 명의 외국인이 「겨울 연가」 촬영지를 방문했다. 촬영지의 하나인 춘천 남이섬의 경우 「겨울 연가」가 방송되기 전에는 외국인 관광객 수가 한 해 1000명 정도였으나 방송 이후에는 10만 명 수준으로 늘어나기도 했다.

한류는 아시아 사람들이 김치, 한복 같은 한국 문화에 호감을 갖게 했고, 그동안 국제 매스컴에서 분단, 남북한 갈등으로 부정적으로 비쳤던 한국 이미지가 긍정적으로 바뀌는 데 이바지하기도 했다.

「겨울연가」 촬영지 남이섬 한류 열풍의 진원지로, 일본을 비롯한 동남아시아 관광객들이 몰려와 「겨울연가」 주인공인 준상과 유진이 걸었던 메타세쿼이아 숲길을 거닐며 감흥에 젖는다.

동남아시아에서 한류는 유교 문화권인 베트남, 싱가포르에서 시작되었다. 그리고 불교 문화권인 타이와 이슬람 문화권인 말레이시아 등으로 확산되고 있다. 터키와 중앙아시아에서도 한류가 폭발했다. 이곳은 러시아와 인도의 영화, 드라마가 강세를 보이지만, 「겨울 연가」가 방영되자 시청률이 사상 최고인 60%를 기록했다고 한다.

한국 문화의 불모지였던 북아프리카 이집트에서도 2005년에 방영된 「겨울 연가」의 반응이 폭발적이었다. 「겨울 연가」가 나오는 날에는 아내들의 성화에 남편들이 일찍 귀가해 함께 시청함으로써 이집트의 가정 문화가 조금이나마 바뀌었다고 한다. 이집트에서 한류 열풍은 한국어를 배우려는 열의로 이어졌다. 이집트 주재 한국 대사관에서 정원 40명의 한국어 강좌를 열었을 때 이례적으로 500여 명의 신청자들이 몰렸다. 이집트의 한 명문 대학에 개설된 한국어학과에

이집트와 멕시코의 한류 이집트 카이로의 아인샴스 대학 한국어학과 학생들이 배용준, 최지우에 열광하고(위), 멕시코의 한류 오빠부대는 장동건과 안재욱의 방문을 애타게 기다리고 있다(아래).

는 32명 모집에 150명이 넘는 학생이 지원해서 최고 수준의 학생들만 선발했다. 그 밖에도 라틴아메리카에서는 멕시코가 한류의 중심지로 떠오르고 있다.

2000년 이후 한류가 아시아와 세계 여러 나라에서 붐을 이루게 된 이유는 무엇일까? 이런 나라들을 살펴보면, 전통적인 가족 제도를 유지하고 사회 제도가 비교적 가부장적이다. 그리고 일본을 제외하고는 우리나라보다 국내총생산이 높지 않다. 이와 달리 우리나라는 전통적인 농업 사회에서 산업화된 도시 사회로 진입했다. 이 과정에서 드라마에 전통 문화와 현대 문화의 요소가 함께 담기게 되었다. 우리 드라마는 전통적인 남녀 관계, 애정관, 가족관을 담으면서, 한편으로는 새로운 사회로 나아가는 진취적인 모습도 보여 준다. 한류에 열광하는 나라들은

국내의 외국인 근로자 가족들
외국인 이주 근로자가 50만 명에 이르면서 급속하게 다인종 사회로 바뀌고 있는 우리 사회에서 이들은 여전히 '이웃'이 아닌 '이방인'으로 차별과 냉대를 받고 있다. 사진은 '외국인 근로자 문화 축제' 현장이다.

286

한국의 알맞은 서구화와 공동체 문화를 동경하며, 한국 드라마의 상황이 자기 가정에서 일어나는 일과 비슷해서 친근감을 느낀다. 그리고 휴대전화, 고화질 텔레비전, 냉장고, 에어컨 등 우리나라 공산품들이 이들 나라에서 수준 높은 제품으로 팔리고 있어서 경제 선진국 이미지가 문화에 대한 호감을 더 불러일으킨다.

그렇다면 한류가 얼마나 오랫동안 지속될 수 있을까? 강원도 춘천시 남이섬을 찾는 일본 관광객들이 크게 줄었듯이, 세계 여러 나라에서도 한류에 대한 수요가 줄어들지 모른다. 과거 우리나라에서는 이소룡 주연의 무협 영화가 큰 인기를 끌었지만, 지금은 그렇지 않다. 한류도 이런 운명을 맞는 것은 아닐까?

현재 우리나라에는 외국인 이주 근로자들이 수십만 명이나 있다. 이들 중 일부는 합법적으로 들어와 조건에 걸맞은 대우를 받고 일하지만, 많은 근로자들이 불법 체류하면서 부당한 차별을 힘겹게 견디고 있다. 차별은 곧 '서로 다름'을 포용하지 못하는 데서 비롯된다. 우리는 외국인들이 우리 문화에 맹목적으로 열광하는 한류는 반기면서, 외국인 이주 근로자들의 이질적인 문화에 대해서는 무관심과 편견으로 일관하지 않는지 한번 되새겨 볼 필요가 있다.

외국의 한류 열풍은 사실 그들이 우리 문화를 적극적으로 받아들인 것이 토대가 되었다. 그렇다면 우리도 다른 나라 문화를 편견 없이 받아들여야 마땅하지 않을까? 한류 열풍이 우리의 자만에 그치면서 금세 식지 않도록 하려면 '일방적인 한류 열풍'을 '호혜적인 문화 교류'로 전환하는 지혜가 필요하다. 우리 문화를 적극적으로 자랑하면서 다른 나라 문화를 적극적으로 인정하는 자세를 통해 한국인으로서의 자긍심도, 지구촌 시민으로서의 의식도 건전하게 성장할 수 있다.

참고문헌

강원대학교, 『지리와 인간 생활』, 강원대학교 출판부, 1997

강철성, 『기후와 인간 생활』, 다락방, 2002

건설교통부, 『제4차 국토종합계획 수정계획(안)』, 건설교통부, 2005

고영종 외 옮김, 『현대 지역 이론과 정책』, 한울, 1997

공우석 외, 『백두대간의 자연과 인간』, 산악문화, 2002

곽종철, 「낙동강 하구역에 있어서 선사~고대의 어로 활동」, 『가야 문화』 제3호, 1990

교육인적자원부, 『백두대간의 이해와 보전』, 교육인적자원부, 2003

국립지리원, 『고산자 김정호 기념사업 자료집』, 국립지리원, 2001

권동희, 『지리 이야기』, 한울, 2003

권오혁 엮음, 『신산업지구』, 한울, 2000

권혁재, 「낙동강 하류 지방의 배후 습지성 호소」, 『지형학』 14호, 1976

＿＿＿, 「한국의 산맥」, 『대한지리학회지』 제35권 제3호, 2000

＿＿＿, 『남기고 싶은 우리의 지리 이야기』, 산악문화, 2004

＿＿＿, 『지형학』, 법문사, 2002

＿＿＿, 『한국지리 총론 편』, 법문사, 2005

김동수 외, 『논, 왜 지켜야 하는가』, 뜨님, 1997

김범철 외 옮김, 『지구환경 보고서』, 뜨님, 1993

김성훈 외, 『한국 농업 이 길로 가야 한다』, 비봉출판사, 1993

김창석, 「남북한 도시 정주 체계의 비교 연구」, 『국토계획』 28권 2호, 대한국토도시계획학회, 1993

김형국, 『국토 개발의 이론 연구』(신정판), 박영사, 1996

녹색연합 홈페이지(http://www.greenkorea.org)

대구사회연구소, 『대구 경북 지역 동향』 16호, 대구사회연구소, 1993

동아일보 특별취재팀, 「간도는 어떻게 만들어졌나」, 『동아일보』, 동아일보사, 2004. 5. 14

＿＿＿, 「우리땅 우리혼 영토분쟁의 현장을 가다」, 『동아일보』, 동아일보사, 2004. 10. 8

＿＿＿, 「잊혀진 섬 녹둔도를 찾아서」, 『동아일보』, 동아일보사, 2004. 6. 11

디 브라운, 최준석 옮김, 『나를 운디드니에 묻어주오』, 청년사, 1989

몰간, 『곡물 메이저』, 단국대 출판부, 1984

박삼옥 외, 『경제 구조 조정과 산업 공간의 변화』, 한울, 1998

박삼옥, 『현대경제지리학』, 아르케, 2000

박영순 외, 『우리 옛집 이야기』, 열화당, 1998

박영한 외, 「특집 : 고산자 김정호 사상의 현대적 조명」, 『지리학』 26권 2호, 1991

백원담, 『한류』, 펜타그램, 2004

산림청, 『백두대간 관련 문헌집』, 산림청, 1996

＿＿＿, 「백두대간의 개념 정립과 실태조사 연구」, 산림청, 1997

＿＿＿ · 대한지리학회, 「백두대간 실태조사 및 합리적인 보전 방안 연구」, 산림청, 1997

산악문화, 『사람과 산』 12월호, 산악문화, 1993

서무송 외, 『지리학 삼부자의 중국 지리 답사기』, 푸른길, 2004

손정목, 『조선시대 도시사회연구』, 일지사, 1982

신경림, 『강 따라 아리랑 따라』, 문이당, 1992

신경준, 『산경표』, 푸른산, 1990

신영훈, 『우리가 정말 알아야 할 우리 한옥』, 현암사, 2000

_____, 『한국의 살림집』 상권, 열화당, 1983

앤드루 구디, 손일·최정권 옮김, 『인간과 자연 환경』, 명보문화사, 1987

양보경, 「조선시대의 '백두대간' 개념의 형성」, 『진단학보』 제83호, 진단학회, 1997

오정준, 「제주도의 지속가능한 관광에 관한 연구」, 서울대 박사 학위 논문, 2003

유홍준, 『나의 문화 유산 답사기』, 창비, 1993

이경재, 『서울 정도 600년』, 서울신문사, 1993

이규태, 『이규태의 600년 서울』, 조선일보사, 1993

이상문 외, 『창작의 고향』, 문이당, 1993

이승호, 『아일랜드 여행 지도』, 푸른길, 2005

이승호·이현영, 『기후학의 기초』(개정판), 두솔, 2002

장보웅, 『한국 민간의 지역적 전개』, 보진재, 1996

정승모, 『시장의 사회사』, 웅진출판, 1993

정인, 『소외된 삶의 뿌리를 찾아서』, 거름, 1989

제주국제협의회 외, 『제주의 인간과 환경』, 오름, 1997

조석필, 『산경표를 위하여』, 사람과 산, 1993

조의설 감수, 『대세계사』 제1권, 마당, 1982

조화룡, 『한국의 충적 평야』, 교학연구사, 1987

지리교육연구회 지평, 『지리 교사들, 남미와 만나다』, 푸른길, 2005

최영준, 『국토와 민족 생활사』, 한길사, 1997

최은영, 「서울의 거주지 분리 심화와 교육 환경의 차별화」, 서울대 박사 학위 논문, 2004

케네스 데이비스, 이희재 옮김, 『교과서에서 배우지 못한 세계 지리』, 고려원미디어, 1994

한국 농어촌 사회 연구소, 『농업 문제 90문 90답』, 창비, 1993

한국 문화역사 지리학회, 『한국의 전통 지리 사상』, 민음사, 1991

한국공간환경학회, 『현대 도시 이론의 전환』, 한울, 1998

한국농어촌사회연구소, 『한국 농업 문제의 이해』, 한길사, 1990

한국산서회, 『산서』 16호, 한국산서회, 2005

한국자연지리연구회, 『자연환경과 인간』, 한울, 2000

한국정신문화연구원, 『정신문화연구』 통권 42호, 한국정신문화연구원, 1991

한영우·안휘준·배우성, 『우리 옛지도와 그 아름다움』, 효형출판사, 1999

환경과 공해 연구회, 『공해 문제와 공해 대책』, 한길사, 1991

환경운동연합 홈페이지(http://www.kfem.or.kr)

황건, 『개마고원』, 미래사, 1989

Johnston et al., *The dictionary of human geography*, fourth edition, Blackwell, 2000

Moore, *Penguin dictionary of geography*, Penguin Books, 1981

삽화 자료 출처

16 삼성미술관(「호작도」, 조선 후기, 지본담채, 91×157cm) / 18 고려대박물관(「근역강산맹호도」, 19세기 말~20세기 초, 46×80.3cm) / 21 *Oxford practical atlas*(1998) / 24 서울대 규장각(「혼일강리역대국도지도」, 권근·김사형·이무·이회, 1402, 채색필사, 158×168cm) / 25 산림청 / 26d·26e 『고등학교 한국지리』(두산, 2006) / 29d 권혁재 / 29e 산림청 / 30(전 컷) 박병석 / 32 송명주 / 33(전 컷) 김석용 / 34·35·36(전 컷)·37·38(전 컷)·39 박병석 / 40a 박병오 / 40c 박병석 / 43 권혁재 / 44 『고등학교 한국지리』(두산, 2006) / 45(전 컷) 박병석 / 46 권혁재 / 47(전 컷) 박병석 / 48(전 컷) 김석용 / 49 엔싸이버 / 50(사진) 『국립김해박물관』(통천문화사, 1999) / 51(사진)·52(전 컷)·53(사진)·54(전 컷)·55(사진) 박병석 / 57(사진) 엔싸이버 / 58~59 김석용 / 60(전 컷) 박병석 / 62~63(사진) 토픽포토 / 63(지도) 최영준 / 64·65 박병석 / 66(전 컷) www.wbk.or.kr / 68(전 컷) 연합뉴스 / 69 박병석 / 73 김원섭 / 74 『마주 보는 한일사 Ⅱ』(사계절출판사, 2006) / 75a·75a' 장보웅 / 75c' 김원섭 / 75c 현을생 / 78(사진)·79·80·81(전 컷) 박병석 / 83a 『세계 각국 요람』(1999) / 83c www.cnn.com / 85·86·88~89·90 박병석 / 91 송명주 / 92 『고등학교 지리부도』(지학사, 2006) / 93·94 박병석 / 96 연합뉴스 / 97(전 컷) 민족21 / 98(지도) 『중학교 사회과부도』(천재교육, 2006) / 98(사진) 박래광 / 103 박병석 / 104 『고등학교 세계지리』(지학사, 2006) / 105(전 컷) DoGi S.p.A. / 107a 강용진 / 107c·108a DoGi S.p.A. / 108c 연합뉴스 / 109 루벵대 재해 연구 센터 / 114 24와 같음 / 115 인촌기념관(「혼일역대국도강리지도」, 16세기 중기, 견본채색, 178×168.5cm) / 116 국립중앙박물관(「천하도」, 18세기 후기) / 117 『조선 후기 국토관과 천하관의 변화』(일지사, 1998) / 118~119 성신여대박물관(「지구전후도」, 최한기, 1834, 목판인쇄, 88×42cm) / 122·123 중앙일보 / 124d 국립중앙박물관(「대동여지도」 목판, 김정호, 1861, 판각, 43×32cm) / 124e 국립중앙박물관(「대동여지도」 각 첩, 김정호, 1861, 목판인쇄, 20.1×30.2cm) / 126 성신여대박물관(「대동여지도」 전도, 김정호, 1861, 목판인쇄, 330×670cm) / 128 서울대 규장각(「청구도」, 김정호, 1834, 채색필사) / 131 전주 경기전(「태조고황제어진」, 조중묵, 1872(원본을 떠a 그림), 비단채색, 150×218cm) / 132~133 서울대 규장각(「도성도」, 18세기 중기, 채색필사, 98×75.4cm) / 135 고려대박물관(「동궐도」, 18세기, 견본채색, 각 폭 36.5×273cm) / 136 국립중앙박물관(「호조낭관계회도」, 1550, 견본채색, 93.5×58cm) / 137a 국립중앙박물관(「담와 홍계희 평생도」 중 「좌의정행차」, 18세기, 견본담채, 37.9×76.5cm) / 137c 박병석 / 138 국립중앙박물관(「풍속도」 중 「기방쟁웅」, 19세기, 지본채색, 39×76cm) / 139 국립중앙박물관(「단원풍속화첩」 중 「대장간」, 김홍도, 19세기, 지본담채, 22.7×27cm) / 141 『아틀라스 한국사』(사계절출판사, 2005) / 142 박병석 / 143d 『사진으로 보는 한국 100년사』(한국문화홍보센터, 1999) / 143e 박병석 / 144 국립중앙박물관(「단원풍속화첩」 중 「나룻배」, 김홍도, 19세기, 지본담채, 22.7×27cm) / 145·146·150 『아틀라스 한국사』(사계절출판사, 2005) / 151a 서울대 규장각(『해동지도 3』 중 「함경도-무산부」, 60×47cm) / 151c 영남대박물관(「각도지도」, 18세기 후기, 56×99cm, 〕) / 154d 126과 같음 / 154e 서울대 규장각(『해동지도 3』 중 「함경도-경흥부」, 30×47cm) / 155 『지리학 삼부자의 중국 지리 답사기』(푸른길, 2004) / 159 대구광역시립 중앙도서관(「삼국접양지도」, 하야시 시헤이, 1550, 76×109cm) / 160 조선일보 / 161 『중학교 사회』(고려출판, 2006) / 162 『고등학교 한국지리』(두산, 2006) / 163 연합뉴스 / 166 파리 국립 도서관 / 168 서울신문 / 169 『고등학교 한국지리』(두산, 2006) / 174 박병석 / 175 김석용 / 177(지도) 『광공업 통계 조사 보고서』(1998, 2004) / 177(사진) 현대중공업 / 178 박병석 / 180 『사진으로 보는 한국 100년사』(한국문화홍보센터, 1999) / 182·183·184a·185c·186·187 박병석 / 188 조선일보 / 189 중앙일보 / 190 『아틀라스 한국사』(사계절출판사, 2005) / 191d 『사진으로 보는 한국 100년사』(한국문화홍보센터, 1999) / 191e 『아틀라스 한국사』(사계절출판사, 2005) / 192(전 컷) 『사진으로 보는 한국 100년사』(한국문화홍보센터, 1999) / 195 박병석 / 197·198 조선일보 / 199 송명주 / 201 박병석 / 202 조선일보 / 203d 『고등학교 한국지리』

(보진재, 1998) / **203e** 『고등학교 한국지리』(두산, 2006) / **204** 연합뉴스 / **210a** 『아틀라스 세계사』(사계절 출판사, 2005) / **210c** 연합뉴스 / **212a** 『아틀라스 세계사』(사계절출판사, 2005) / **212c** 『世界の歷史』(朝日 新聞社, 1990) / **213** 『아메리카 인디언의 땅』(시공사, 1999) / **215a · 215c** DoGi S.p.A. / **220b** 조선일보 / **220c · 221** 박병석 / **223** 『중국 센서스』(1997) / **224** NASA / **228** 『지구 환경의 자연 지리』(1996) / **230** 『지오그래피』(2000) / **231**(지도) 『고등학교 경제지리』(지학사, 2006) / **231**(사진) 박병석 / **235a** 『아틀라스 세계사』(사계절출판사, 2005) / **235c · 237** 『世界の歷史』(朝日新聞社, 1991) / **238 · 239**(전 컷) www.un.org / **240a** 『世界の歷史』(朝日新聞社, 1991) / **240c** DoGi S.p.A. / **241a** 『간토 대지진의 조선인 학살』 / **241cd · 241ce** 『학살의 기억, 관동대지진』(역사비평사, 2005) / **246** 『世界の歷史』(朝日新聞社, 1990) / **247** 『아틀라스 세계사』(사계절, 2005) / **248** 『다르케 세계 지도』(1996) / **249** 『世界の歷史』(朝日新 聞社, 1990) / **251** 『아틀라스 세계사』(사계절출판사, 2005) / **252a · 252c** 『世界の歷史』(朝日新聞社, 1991) / **254** 중앙일보 / **256** 연합뉴스 / **258**(지도) 『고등학교 사회』(두산, 2001) / **258a** 『아틀라스 세계사』(사계절 출판사, 2005) / **258b** 멕시코 인류 박물관 / **258c** Collezione privata / **261** 『중학교 사회』(고려출판, 2006) / **259** 박병석 / **265**(전 컷) 『국제 통계 연감』(2003) / **266** 연합뉴스 / **267** 『고등학교 세계지리』(지학사, 2006) / **269** 농림부 / **270** 남해군청 / **272** NASA / **273** 『아틀라스 세계사』(사계절출판사, 2005) / **274a · 274c · 274b** 대한통운 / **275** 연합뉴스 / **277** 『다르케 세계 지도』(1998년) / **278** 『아틀라스 세계사』(사계절출 판사) / **280**(지도) 『아틀라스 한국사』(사계절출판사, 2005) / **280**(사진) · **281**(사진) 박병석 / **281**(지도) 『고 등학교 세계지리』(지학사, 2006) / **283** 『아틀라스 한국사』(사계절출판사, 2005) / **284** 박병석 / **285**(전 컷) 조선일보 / **286**(전 컷) 박병석

● 삽화 위치 약호 : a-위, a′-위에서 두 번째, b-가운데, c-아래, c′-아래에서 두 번째, d-왼쪽, e-오른쪽
 ('〔 〕'의 내용은 삽화 설명 : 제목, 작가, 제작 시기, 제작법, 크기. 단, 크기는 가로×세로cm)
● 이 책에 쓴 모든 사진과 그림 자료의 출처·저작권자를 찾고, 정해진 절차에 따라 사용 허락을 받는 데 최선을
 다했습니다. 위 내용에서 착오나 누락이 있으면 다음 쇄를 찍을 때 꼭 바로잡겠습니다.